★★★★★

世界王牌武器入门之

作战车辆

FIGHTING VEHIGLE

军情视点 编

U0389931

化学工业出版社

·北京·

本书精心选取了世界各国研制的近200种作战车辆，涵盖了主战坦克、自行火炮、轮式战斗车辆、履带式战斗车辆、后勤保障车辆等不同种类的战车。书中对每种战车以简洁精练的文字介绍了其历史、性能以及用途等方面的知识。为了增强阅读趣味性，并加深读者对作战车辆的认识，还专门介绍了部分战车在一些电影、游戏作品中的登场表现。

本书不仅是广大青少年朋友学习军事知识的不二选择，也是资深军事爱好者收藏的绝佳对象。

图书在版编目(CIP)数据

世界王牌武器入门之作战车辆／军情视点编. —北京：
化学工业出版社，2018.7（2022.8重印）
ISBN 978-7-122-32203-6

Ⅰ．①世… Ⅱ．①军… Ⅲ．①战车-介绍-世界
Ⅳ．①TJ8

中国版本图书馆CIP数据核字（2018）第106005号

责任编辑：徐娟　　　　　　　　　　　　装帧设计：中海盛嘉
责任校对：宋夏　　　　　　　　　　　　封面设计：刘丽华

出版发行：化学工业出版社(北京市东城区青年湖南街13号　邮政编码100011)
印　　装：北京印刷集团有限责任公司
787mm×1092mm　1/16　印张6¹/₂　字数200千字　2022年8月北京第1版第4次印刷

购书咨询：010-64518888　　　　　　　售后服务：010-64518899
网　　址：http://www.cip.com.cn
凡购买本书，如有缺损质量问题，本社销售中心负责调换。

定　　价：39.80元　　　　　　　　　　　　　　版权所有　违者必究

前　言

第二次世界大战中，由于坦克在战场上的优秀表现，所以出现了很多针对它的武器装备，其中就包括自行火炮。自行火炮的用途不仅仅是反坦克，还可以在己后方为前线士兵提供有力的火力支援。如美国M110自行火炮、德国"黄鼠狼"Ⅲ自行火炮等。

从20世纪60年代开始，由于中型坦克的火力和装甲防护已经达到或超过了以往重型坦克的水平，同时克服了重型坦克机动性差的弱点，从而改进成一种具有现代特征的单一战斗坦克，即主战坦克，成为各国装甲部队的主力。这种情况又促使另一种战车得到大力发展，它就是装甲车。大多数装甲车可以在水上行驶，执行运输、侦察、指挥、救护、伴随坦克及步兵作战等多种任务，如美国M2"布雷德利"装甲车和俄罗斯BTR-80装甲车等；还有执行专门任务的装甲车，包括装甲回收车、装甲指挥车、装甲扫雷车和装甲架桥车等。本书精心选取了世界各国研制的近200种作战车辆，涵盖了主战坦克、自行火炮、轮式战斗车辆、履带式战斗车辆、后勤保障车辆等不同种类的战车。书中对每种战车以简洁精练的文字介绍了其历史、性能以及用途等方面的知识。为了增强阅读趣味性，并加深读者对作战车辆的认识，还专门介绍了部分战车在一些电影、游戏作品中的登场表现。

作为传播军事知识的科普读物，最重要的就是内容的准确性。本书的相关数据资料均来源于国外知名军事媒体和军工企业官方网站等权威途径，坚决杜绝抄袭拼凑和粗制滥造。在确保准确性的同时，我们还着力增加趣味性和观赏性，尽量做到将复杂的理论知识用简明的语言加以说明，并添加了大量精美的图片。

参加本书编写的有丁念阳、黎勇、王安红、邹鲜、李庆、王楷、黄萍、蓝兵、吴璐、阳晓瑜、余凑巧、余快、任梅、樊凡、卢强、席国忠、席学琼、程小凤、许洪斌、刘健、王勇、黎绍美、刘冬梅、彭光华、杨淼淼、祝如林、杨晓峰、张明芳、易小妹等。在编写过程中，国内多位军事专家对全书内容进行了严格的筛选和审校，使本书更具专业性和权威性，在此一并表示感谢。

由于时间仓促，加之军事资料来源的局限性，书中难免存在疏漏之处，敬请广大读者批评指正。

编者

2018年3月

CONTENTS
目　录

第 1 章

作战车辆概述

作战车辆是具有装甲防护的各种履带或轮式车辆统称，其特性为具有高度的越野机动性能，有一定的防护和火力。一般作战车辆会装备 1 ~ 3 门中小口径火炮及数挺机枪，一些还装有反坦克导弹。大多数作战车辆可涉水行驶，能够执行作战、运输等多种任务。本章详细介绍了作战车辆的发展历史、分类和构造等知识。

◆ 作战车辆的历史

1898 年，英国发明家弗雷德里克·西姆斯在四轮汽车上安装了装甲和机枪，制成了世界上第一辆带有武器的装甲车辆。20 世纪初，英国、法国、德国、美国和俄国等国先后利用本国钢铁制造业和汽车工业的优越实力，制造出了世界上最早的装甲车。1900 年，英国将装甲车投入到英布战争中。

第一次世界大战（以下简称一战）中，堑壕和机枪彻底阻止了步兵的冲锋，以堑壕和机枪为核心的堑壕战登上了历史的舞台。尽管参战各国普遍装备了用普通卡车底盘改装的装甲车，但由于无法逾越地面战场上纵横密布的战壕，因此只能用于执行侦察和袭击作战任务。

为了克制机枪的优势，打破战场的僵局，英国于 1915 年利用汽车、拖拉机履带、枪炮制造和冶金技术，试制了一辆被称为"小游民"的装甲车样车。为了保密，英国的研制人员称这种武器为"水柜"（Tank），其中文音译就是"坦克"。由于这辆样车的机动性能不

能满足要求，英国又在 1916 年初制造了第二辆样车，并命名为"大游民"，该样车定型投产后称为 Mark Ⅰ型坦克。这种坦克于 1916 年 9 月 15 日首次应用在索姆河战役上，在战场上表现出色，使参战各国大为震惊。

▲ **Mark Ⅰ型坦克**

一战期间，英国又在 Mark Ⅰ型坦克基础上，先后设计生产了 Mark Ⅱ型至 Mark Ⅴ型坦克，其中 Mark Ⅳ型坦克的生产数量最多，参加了费莱尔、康布雷等著名战役，并一直使用到一战结束。与此同时，英国还设计生产了"赛犬"中型坦克、C 型中型坦克等。

法国是继英国之后第二个生产坦克的国家，先后研制了"施纳德"突击坦克、"圣沙蒙"突击坦克、FT-17 轻型坦克和 Char 2C 重型坦克。1917 年，德国也开始制造 A7V 坦克。

由于一战以堑壕战为主，加上装甲车对道路有很大的依赖性，因此在一定程度上限制了装甲车的发展。但由于成本低廉、可靠性高，装甲车在一战中也有所发展。一战末期，英国研制出了装甲运兵车。虽然车上的装甲可使车内士兵免受枪弹的伤害，但习惯于徒步作战的步兵仍把首批装甲运兵车称为"沙丁鱼罐头"和"带轮的棺材"。

两次世界大战之间，各国积极探索坦克的运用与编组方式，主要有两种主流意见。一种意见认为坦克应该是支援步兵的一个系统，因此需要搭配步兵部队的编制与作战型态，平均分配给步兵单位指挥调度。另一种意见则认为坦克应该要集中起来使用，利用坦克的火力、防护与机动力的三项特性作为战场上突破与攻坚的主力角色。

第二次世界大战（以下简称二战）爆发后，德军装备了大量坦克与装甲车，以闪电式快速机动作战横扫欧洲，令世界为之震惊，也再次唤醒了各国对坦克和装甲车的重视。战争初期，德军大量装备使用装甲运兵车，显著地提高了步兵的机动作战能力，而且由于步兵可乘车伴随坦克进攻，也提高了坦克的攻击力。

▲ 美国在二战中使用的 M3 半履带装甲车

1940 ~ 1942 年间，英军在利比亚的作战行动更加引发了各国研制装甲车的热情。英国和美国率先开始大批生产装甲车，在地面战争中与德国展开决战。到 1942 年 10 月，英国在中东地区的装甲车数量约有 1500 辆。战争中后期，苏德战场上曾多次出现有数千辆坦克参加的大会战。在北非战场、诺曼底战役以及远东战役中，也有大量坦克参战。战争期间，坦克经受了各种复杂条件下的战斗考验，成为地面作战的主要突击兵器。坦克与坦克、坦克与反坦克武器的激烈对抗，也促进了中型、重型坦克技术的迅速发展，坦克的结构形式趋于成熟，火力、机动、防护三大性能全面提高。

二战后，在欧洲国家中，德国、英国和法国一直非常重视轮式装甲车的发展。为满足作战时的使用需要，它们改变了两次世界大战期间利用卡车简单改造装甲车的做法，而是通过精心的设计，制造出一系列全新的车型。这些车型奠定了现代装甲车的基本构造样式。这一时期内，装甲运兵车得到迅猛发展，许多国家把装备装甲运兵车的数量看作是衡量陆军机械化、装甲化的标志之一。

▲ 美国 M113 装甲运兵车

与此同时，苏联、美国、英国、法国等国借鉴大战使用坦克的经验，设计、制造了新一代坦克。20世纪60年代出现的一批战斗坦克，火力和综合防护能力达到或超过以往重型坦克的水平，同时克服了重型坦克机动性能差的弱点，从而停止了传统意义的重型坦克的发展，形成一种具有现代特征的战斗坦克，因此被称为主战坦克。

▲ 装备俄罗斯军队的 T-90 主战坦克

20世纪70年代以来，现代光学、电子计算机、自动控制、新材料、新工艺等方面的技术成就，日益广泛地应用于作战车辆的设计和制造，使作战车辆的总体性能有了显著提高，更加适应现代战争要求。而二战后的一些局部战争大量使用作战车辆的战例和许多国家的军事演习表明，作战车辆在现代高技术战争中仍将发挥重要作用。

◆ 作战车辆的分类

★ 主战坦克

主战坦克是具有能对敌军进行积极、正面攻击能力的坦克，其机动性、火力和防御能实现最佳平衡。它的火力和装甲防护力达到或超过以往重型坦克的水平，同时又具有中型坦克机动性好的特点，是现代装甲兵的基本装备和地面作战的主要突击兵器。

▲ 德国"豹"2 主战坦克

★ 自行火炮

自行火炮是同车辆底盘构成一体自身能运动的火炮。自行火炮主要由武器系统、底盘部分和装甲车体组成。自行火炮越野性能好，进出阵地快，多数有装甲防护，战场生存力强，有些还可浮渡。

▲ 英国 AS-90 自行火炮

★ 轮式战斗车

轮式战斗车主要用于占领区巡逻维稳，在战时可以快速运送人员物资，一般不参与正规战斗，也可用于战线运输，但不适于高强度作战。

▲ 美国 HMMWV 轮式战斗车

★ 履带式战斗车

二战期间，履带式战斗车还是绝对的装甲车主力，它的越野能力和防弹能力是轮式战斗车无法相比的。履带式战斗车可在难以通行的土地上行驶，因其车底距地高小，迫使整车外形低矮。此外，从行动上来说，履带式战斗车可提供较稳定的火炮平台，且有可能提供行进间射击能力。

▲ 经典履带式战斗车——美国 M2 "布雷德利"步兵战车

★ 后勤保障车

现代战争的一个显著特点就是高毁伤，从而也就带来了高消耗这个特点，因此在士兵远离营区执行作战任务时，人员、物资的及时运输使得后勤保障车在军事作战中占有极其重要的地位。

▲ 美国 M1133 野战急救车

◆ 作战车辆的构造

不同的作战车辆（以下简称战车）有不同的大小、形状和火力配备，但它们的结构基本相同。战车一般由车体、动力装置、传动装置、操纵装置、武器系统、电子设备等组成。

车体一般由战车底盘和车身组成。早期的战车都是利用卡车的底盘进行改造完成的，而现代战车经过精心设计，一般使用专有的战车底盘。在战车设计时，需要根据用途选用履带式或轮式战车底盘。选用战车底盘时，应满足战车的战术攻击、战术机动、装甲防护和战场环境等要求。

战车的动力装置包括发动机及其辅助系统。发动机的辅助系统包括燃油供给系统、空气供给系统、润滑系统、冷却系统和起动系统等部分。目前，战车的动力装置主要有柴油发动机、汽油发动机、燃气涡轮发动机和双动力装置等类型。

▲ 柴油机

传动装置由传动箱、主离合器或液力变矩器、变速箱、转向机构、制动器及侧减速器等部件组成。传动装置按传递动力的介质，可分为机械、液体和电力传动装置三大类。传动装置可充分利用发动机功率，使战车获得良好的机动性，提高机动性和燃油经济性。

操纵装置用于正确利用和控制战车的动力装置和传动装置各机构的动作，实现战车的起步、停车、增速、减速、转向等各种动作。操纵装置越可靠、灵敏、轻便，越能充分发挥动力和传动装置的作用，减轻乘员的疲劳，提高战车的机动性。

武器系统是战车重要的组成部分。根据战车的用途和作战任务不同，不同战车配置的武器系统也有所不同。一般来说，用于攻击的战车配置的武器火力比较强，而装甲运兵车、通信指挥车等战车只配置一些防卫武器。

随着科学技术的发展，战车的电子设备性能日趋完善，已成为现代战车提高作战效能的重要手段。战车的电子系统除火控系统外，主要有通信系统和观测设备。根据战车的作战需求，配置的电子系统有所不同。

▲ 现代主战坦克的炮塔特写

第2章

主战坦克入门

主战坦克是具有能对敌军进行积极、正面攻击能力的坦克，是现代装甲兵的基本装备和地面作战的主要突击兵器。本章主要介绍二战后各国设计、制造的经典主战坦克，每种主战坦克都简明扼要地介绍了其制造背景和作战性能，并有准确的参数表格。

美国M1
"艾布拉姆斯"主战坦克

小 档 案

长 度：	9.78米
宽 度：	3.66米
高 度：	2.44米
重 量：	65吨
最大速度：	67千米/小时

120毫米M256滑膛炮

M2重机枪
M240通用机枪

燃气涡轮发动机

M1 "艾布拉姆斯"（M1 Abrams）主战坦克由美国克莱斯勒汽车公司防务部门研制，目前是美国陆军和海军陆战队主要的作战车辆。M1主战坦克自诞生以来参与了多次局部战争和武装冲突，包括1991年的海湾战争和2003年的伊拉克战争等。在1991年的海湾战争中，M1坦克仅损失十多辆，而且其中半数被认为是友军误伤的。在伊拉克战争中损失的M1主要为侧面或履带被破坏失去行动能力，由友军击毁的。2010年，美军首次将M1主战坦克派遣至阿富汗。

趣味小知识

M1主战坦克的名称源于二战时期美国著名的坦克部队指挥官克莱顿·艾布拉姆斯将军。艾布拉姆斯生于1914年，1941年加入美国第4装甲师，曾击毁80辆德军坦克。他于1964年获得美军上将军衔，1972年任美国陆军参谋长，1974年死于肺癌。

▲ 正在开火的M1"艾布拉姆斯"主战坦克

▲ M1"艾布拉姆斯"主战坦克前下方特写

美国M48"巴顿"主战坦克

M2重机枪
M73机枪

90毫米M41坦克炮
105毫米M68坦克炮

柴油发动机
汽油发动机

M48"巴顿"主战坦克（M48 Patton）是美国陆军第三代的"巴顿"系列坦克。第一辆生产型车于1952年4月在克莱斯勒公司的特拉华坦克厂制成，并正式命名为M48"巴顿"主战坦克，在冷战时期主要当作中型坦克使用。M48无需准备即可涉水1.2米深，装潜渡装置潜深达4.5米。潜渡前所有开口均要密封，潜渡时需要打开排水泵。

美国M60"巴顿"主战坦克

M60"巴顿"主战坦克（M60 Patton）是美国陆军第四代也是最后一代的"巴顿"系列坦克，一直服役到20世纪90年代初才从美国退役，目前仍有大量M60在其他国家服役。M60全车载弹63发，可使用脱壳穿甲弹、榴弹、破甲弹、碎甲弹和发烟弹在内的多重弹药。此外，在该坦克炮塔的两侧还各安装有一组六联装烟幕弹/榴弹发射器。

105毫米M68线膛炮
152毫米M162主炮

M85重机枪
M240通用机枪

柴油发动机

苏联/俄罗斯
T-54/55主战坦克

小 档 案	
长 度：	6.45米
宽 度：	3.37米
高 度：	2.4米
重 量：	36吨
最大速度：	48千米/小时

SGMT机枪
DShK重机枪

D-10战车炮

柴油发动机

T54/55主战坦克是有史以来产量最大的主战坦克，几乎参加了20世纪后半叶的所有武装冲突。T-54/55在其漫长的服役期内进行过多次升级改造，而这些改进并不是由一家设计局和制造厂进行的。由于产量极高又出口至许多国家，因此很多国家都希望通过改进T-54/55系列来获得更强的装甲战斗力。直到今天，仍有50多个国家在使用T-54/55及其种类繁杂的改型。

小 档 案	
长 度：	6.63米
宽 度：	3.3米
高 度：	2.4米
重 量：	37吨
最大速度：	50千米/小时

苏联/俄罗斯T-62主战坦克

T-62主战坦克是苏联继T-54/55坦克后于20世纪50年代末发展的主战坦克，其115毫米滑膛炮是世界上第一种实用的滑膛坦克炮。该坦克于1962年定型，1964年批量生产并装备部队，1965年5月首次出现在红场阅兵行列中。T-62主战坦克的弹药基数为40发，正常配比为榴弹17发、脱壳穿甲弹13发、破甲弹10发。

PKT机枪
DShK重机枪

115毫米U-5TS滑膛炮

柴油发动机

小 档 案	
长　度　：	9.23米
宽　度　：	3.42米
高　度　：	2.17米
重　量　：	38吨
最大速度：	60.5千米/小时

苏联/俄罗斯 T-64主战坦克

PKMT机枪 NSVT防空机枪

柴油发动机

125毫米滑膛炮

T-64 主战坦克是苏联在 20 世纪 60 年代研发的主战坦克，是苏联标准下第一款第三代的主战坦克。T-64 最为突出的技术革新就是装备一门使用分体炮弹和自动供弹的 115 毫米滑膛炮（型号 2A21/D-68，后升级为 125 毫米 2A26M 式），让坦克不再需要专职供弹手（副炮手），使乘员从 4 名减少到 3 名，有利于减小坦克体积和重量。

T-72 主战坦克是苏联在 T-64 主战坦克的基础上研制而成的，是一种产量极大、使用国家众多的主战坦克。T-72 坦克的火控系统较差，在远距离上的命中精度不太理想，特别是发射反坦克导弹时，需要停车状态才能进行导引。

苏联/俄罗斯 T-72主战坦克

小 档 案	
长　度　：	6.9米
宽　度　：	3.36米
高　度　：	2.9米
重　量　：	44.5吨
最大速度：	80千米/小时

PKT机枪 NSVT防空机枪

柴油发动机

125毫米2A46滑膛炮

小 档 案	
长　度　：	9.72米
宽　度　：	3.56米
高　度　：	2.74米
重　量　：	46吨
最大速度：	65千米/小时

苏联/俄罗斯 T-80主战坦克

燃气涡轮发动机

PKT机枪 KT重机枪

125毫米KBA-3型滑膛炮

T-80 是苏联在 T-64 基础上研制的主战坦克，外号"飞行坦克"，是历史上第一款量产的全燃气涡轮动力主战坦克。该坦克的火控系统比 T-64 坦克有所改进，主要是装有激光测距仪和弹道计算机等先进的火控部件。由于扭矩较大，T-80 的加速性能良好，速度从 0 加速至 40 千米/小时只需 9 秒。

俄罗斯T-90主战坦克

小 档 案	
长 度：	9.53米
宽 度：	3.78米
高 度：	2.22米
重 量：	46.5吨
最大速度：	65千米/小时

125毫米2A46M滑膛炮

Kord重机枪
PKMT机枪

柴油发动机

T-90 主战坦克是俄罗斯于 20 世纪 90 年代研制的新型主战坦克，1995 年开始服役，有 T-90A、T-90E、T-90S 和 T-90SK 等多种衍生型号。该坦克至今产量已达 3200 多辆，主要装备俄罗斯军队和印度军队。T-90 主战坦克采用 125 毫米口径滑膛炮，型号为 2A46M，并配有自动装填机。该炮可以发射多种弹药，包括尾翼稳定脱壳穿甲弹、破甲弹和杀伤榴弹，为了弥补火控系统与西方国家的差距，该坦克还可发射 AT-11 反坦克导弹。

▲ 正在开火的 T-90 主战坦克

▲ T-90 主战坦克进行越障测试

俄罗斯T-95主战坦克

小 档 案	
长　度：	9.7米
宽　度：	3.56米
高　度：	2.74米
重　量：	50吨
最大速度：	80千米/小时

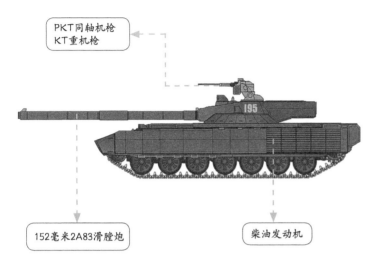

PKT同轴机枪
KT重机枪

152毫米2A83滑膛炮

柴油发动机

T-95主战坦克是俄罗斯正在研制的主战坦克，由T-90主战坦克发展而来。该坦克配备有新型自动装弹机和先进的火控系统，具备对昼夜移动目标完全自动跟踪、识别、选定目标等全面功能，大大缩短了从发现目标到射击的时间，提高了射击精度，而且操作简单，反应迅速。2000年俄罗斯曾对外公布宣称2009年量产，但至今未能证实是否量产。

小 档 案	
长　度：	10.8米
宽　度：	3.5米
高　度：	3.3米
重　量：	50吨
最大速度：	80千米/小时

俄罗斯T-14主战坦克

T-14是俄罗斯基于"阿玛塔重型履带通用平台"研发的一款主战坦克。每辆造价估计达370万美元。在研制过程中，设计人员和生产人员尽可能地采用了最新技术，其跟踪系统能把目标位置传送给主动防御系统或主炮控制电脑，完成全自动攻击。T-14主战坦克在服役后，预计产量将达2300辆以上，成为俄军未来40年的武装主力。

125毫米滑膛炮
152毫米滑膛炮

科德6P50重机枪
PK通用机枪

柴油发动机

德国 "豹" 1主战坦克

105毫米线膛坦克炮

MG3通用机枪
烟雾弹发射器

柴油发动机

　　"豹"1（Leopard 1）主战坦克是德国于20世纪60年代研制的主战坦克，也是德国在二战后研制的首款坦克。该坦克可以涉水深2.25米，若加上通气管更可涉水深达4米，射击控制由炮手全权负责，车长则专心搜索目标。总的来说，"豹"1坦克在机动力、火力和防护力三方面都有均衡而良好的表现。

▲ 在雪地中行驶的 "豹" 1主战坦克

德国 "豹" 2主战坦克

小 档 案	
长 度：	7.69米
宽 度：	3.7米
高 度：	2.79米
重 量：	62吨
最大速度：	70千米/小时

120毫米L55型滑膛炮　MG3通用机枪　柴油发动机

　　"豹"2（Leopard 2）是德国研制的被公认为当今性能最优秀的主战坦克之一。该坦克是西方国家中最先使用120毫米口径主炮、1103千瓦柴油发动机、高效冷却系统、指挥仪式火控系统和液压传动系统的主战坦克，其性能非常先进，发展出了 A1 ～ A6 等多种型号，被世界多个国家的军队采用。

▲ 经过简单伪装的 "豹" 2 主战坦克

英国"酋长"主战坦克

小 档 案	
长 度：	7.5米
宽 度：	3.5米
高 度：	2.9米
重 量：	55吨
最大速度：	48千米/小时

L7机枪

柴油发动机

120毫米L11A5线膛炮

"酋长"主战坦克（Chieftain tank）是英国于20世纪50年代末研制的主战坦克，曾被英国、伊朗、伊拉克和约旦等国使用，目前仍有一部分正在服役。"酋长"主战坦克不仅拥有极佳的核生化防护能力，还配备核生化防护系统（安装在炮塔后方）来过滤空气，空调、饮水粮食的储备也能使乘员在密闭的车内持续作战7天之久。此外，车内还装有5具灭火抑爆系统。

英国"百夫长"主战坦克

小 档 案	
长 度：	9.8米
宽 度：	3.38米
高 度：	3.01米
重 量：	52吨
最大速度：	35千米/小时

"百夫长"主战坦克（Centurion tank）是英国在二战末期研制的主战坦克，但未能参与实战。二战结束后，该坦克持续生产并且在英国陆军服役。"百夫长"主战坦克的缺陷主要与机动性有关，其车体较重，而发动机功率不足且燃油储备较少，导致最高速度仅有35千米/小时，最大行程也只有450千米。

汽油发动机

105毫米L7线膛炮

M1919中型机枪

英国维克斯MK7主战坦克

小 档 案	
长 度 ：	7.72米
宽 度 ：	3.42米
高 度 ：	2.54米
重 量 ：	54.64吨
最大速度：	72千米/小时

7.62毫米机枪
12.7毫米测距修正机枪

柴油发动机

105毫米L7A1式线膛炮

维克斯 MK7 主战坦克（Vickers MK7）是英国维克斯公司与德国"豹"2主战坦克主承包商克劳斯·玛菲公司合作研制的一种出口型主战坦克。该坦克第一辆样车于1985年6月制成，同年9月在埃及试车，1986年在英国陆军装备展览会上首次公开展出。该坦克采用"乔巴姆"复合装甲，对尾翼稳定脱壳穿甲弹和破甲弹均有较好的防护效果。

小 档 案	
长 度 ：	11.56米
宽 度 ：	3.52米
高 度 ：	2.5米
重 量 ：	62吨
最大速度：	56千米/小时

英国"挑战者"1主战坦克

柴油发动机

FN MAG通用机枪

120毫米L11线膛炮

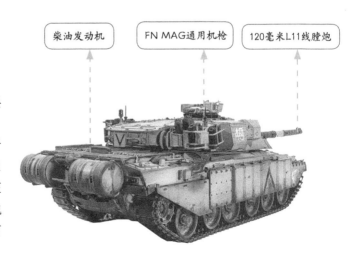

"挑战者"1（Challenger 1）原名"挑战者"，是英国皇家兵工厂研制的第三代主战坦克，1983年开始装备部队，主要用于地面进攻和机动作战。"挑战者"1主战坦克的所有发射药都储存在车体底部的防火箱中，加上其他的各种防护措施，使该坦克具有相当高的战场生存能力。

英国"挑战者"2主战坦克

小 档 案

长 度：	8.3米
宽 度：	3.5米
高 度：	3.5米
重 量：	62.5吨
最大速度：	59千米/小时

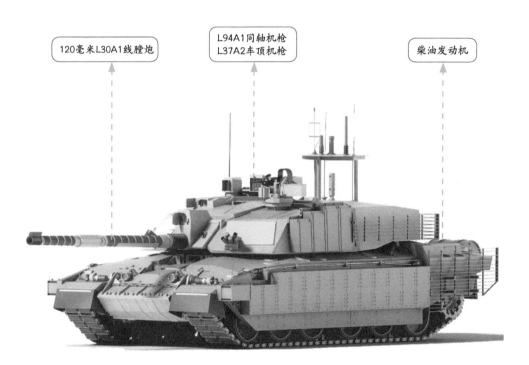

| 120毫米L30A1线膛炮 | L94A1同轴机枪 L37A2车顶机枪 | 柴油发动机 |

"挑战者"2（Challenger 2）主战坦克由英国维克斯公司研制，曾创下世界最远距离坦克击毁记录。"挑战者"2是从"挑战者"1衍生而来的，但两者仅有5%的零件可以通用。自1993年开始生产以来，"挑战者"2一共生产了400多辆，其中英国陆军装备408辆，阿曼皇家陆军装备38辆。

▲ 正在开火的"挑战者"2主战坦克

▲ "挑战者"2主战坦克进行作战训练

法国AMX-30主战坦克

小 档 案	
长 度 :	9.48米
宽 度 :	3.1米
高 度 :	2.28米
重 量 :	36吨
最大速度:	65千米/小时

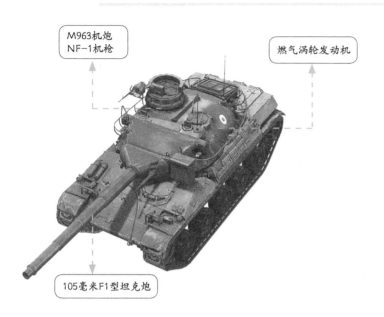

M963机炮
NF-1机枪

燃气涡轮发动机

105毫米F1型坦克炮

AMX-30主战坦克是在法国地面武器工业集团（GIAT）的指导下由伊西莱穆利诺制造厂研制的。1966年，AMX-30坦克开始批量生产。1967年7月，AMX-30坦克正式列为法国陆军制式装备。二战后的法国坦克设计以机动性优先，但AMX-30主战坦克的装甲却比"豹"1主战坦克还重。

小 档 案	
长 度 :	10.04米
宽 度 :	3.18米
高 度 :	2.38米
重 量 :	43.7吨
最大速度:	70千米/小时

法国AMX-40主战坦克

AMX-40是由法国地面武器工业集团设计生产的一款主战坦克。该坦克采用法国最早的复合装甲，通过外形和装甲倾角的合理设计，使43.7吨总重量坦克的防护性能达到了最佳程度。它集中了法国当时最先进的技术成果，因此不仅保持了前代坦克机动性较高的传统优点，而且在装甲防护和火力方面取得了较大发展。

120毫米滑膛炮

NF-1防空机枪
20毫米机炮

柴油发动机

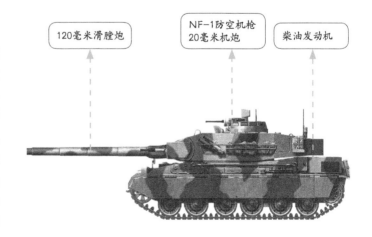

法国AMX-56 "勒克莱尔" 主战坦克

小档案	
长 度：	9.9米
宽 度：	3.6米
高 度：	2.53米
重 量：	56.5吨
最大速度：	72千米/小时

120毫米滑膛炮　　M2重机枪 7.62毫米机枪　　柴油发动机

AMX-56 "勒克莱尔"（AMX-56 Leclerc）是由法国地面武器工业集团研制的主战坦克，主要用以取代 AMX-30 主战坦克。该坦克的火控系统比较先进，使其具备在 50 千米/小时的行驶速度下能够命中 4000 米外目标的能力。此外，"勒克莱尔"坦克还装有三防装置、萨吉姆公司的"达拉斯"激光报警装置以及屏蔽和对抗装置。

小档案	
长 度：	9.04米
宽 度：	3.72米
高 度：	2.66米
重 量：	65吨
最大速度：	64千米/小时

以色列 "梅卡瓦" 主战坦克

"梅卡瓦"坦克的研制最早可以追溯到1970年，是以色列研制的一种主要侧重于防御的主战坦克，于1978年开始服役。1979年，第一台"梅卡瓦"坦克交付以色列国防军，全重达65吨，是当时世界上最重的主战坦克，也是当时世界上防护能力最强的主战坦克，其后大量生产。

105毫米线膛炮　　7.62毫米机枪 12.7毫米机枪　　柴油发动机

意大利C1 "公羊" 主战坦克

小 档 案	
长 度 ：	9.52米
宽 度 ：	3.61米
高 度 ：	2.45米
重 量 ：	54吨
最大速度：	65千米/小时

柴油发动机　　　7.62毫米机枪
7.62毫米高射机枪　　120毫米滑膛炮

C1 "公羊"（C1 Ariete）主战坦克是意大利陆军的第三代主战坦克，由意大利国内自行研制与生产。虽然这是二战后意大利第一次研制的国产坦克，但是大量采用120毫米滑膛炮和复合装甲等战后世界先进技术，因此整体性能还算优秀。该坦克于1995年开始服役至今。目前，意大利正在进行"公羊"MK-2的研发，预计配置500辆。

小 档 案	
长 度 ：	6.08米
宽 度 ：	2.43米
高 度 ：	3米
重 量 ：	22.5吨
最大速度：	45千米/小时

瑞典Strv 74主战坦克

Strv 74主战坦克是瑞典于20世纪50年代开始研发的，1958年正式服役。随着瑞典自主研发的S型主战坦克的入役，Strv 74逐渐从一线部队退下。至1960年，瑞典一共生产了225辆Strv 74主战坦克。从1970年开始，大约50%的Strv 74主战坦克炮塔被拆下，安装到固定炮塔座上，被当作堡垒炮塔使用。

75毫米加农炮　　　M39机枪　　　汽油发动机

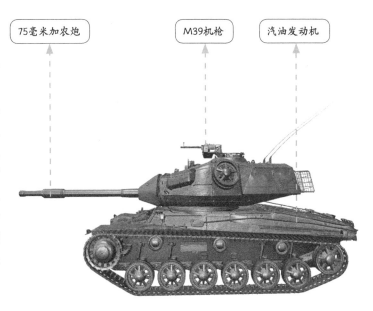

瑞典S型主战坦克

小 档 案	
长　度：	9米
宽　度：	3.8米
高　度：	2.14米
重　量：	42吨
最大速度：	50千米/小时

KSP58式多用途机枪

柴油发动机

105毫米L74式加农炮

S 型主战坦克的研制始于 1957 年，研制时充分考虑了瑞典的河流和湖泊较多、北部地区沼泽遍布、长期严寒、冰雪覆盖和国内重型桥梁极少等地理和气候条件，并考虑了二战中各国坦克的使用和中弹情况以及装甲部队的战术使用要求等因素，从而把车高、车重及火力作为主要性能指标。1966 年该坦克开始批量生产，在瑞典陆军中服役并持续到了 20 世纪 90 年代。

小 档 案	
长　度：	9.45米
宽　度：	3.06米
高　度：	2.72米
重　量：	39吨
最大速度：	55千米/小时

瑞士Pz61主战坦克

105毫米L7线膛炮

MG 51机枪

柴油发动机

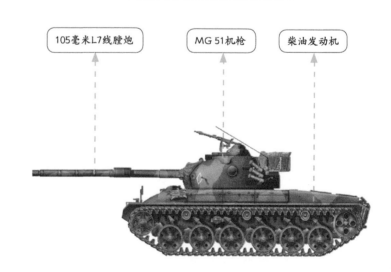

Pz61 是瑞士在 1961 年研制出的主战坦克，装备瑞士机械化师。虽然瑞士购买了 380 辆德国的"豹"2 主战坦克，但 Pz61 主战坦克仍是瑞士装甲力量的重要支柱。该坦克采用方向盘控制，非常轻便。此外，采用少见的碟盘弹簧独立悬挂方式也是 Pz61 的特点之一，这种悬挂系统虽然不占用车内空间、便于维护，但行程比较短。

小 档 案	
长 度 ：	9.49米
宽 度 ：	3.14米
高 度 ：	2.72米
重 量 ：	40.8吨
最大速度：	55千米/小时

瑞士Pz68 主战坦克

Pz68 主战坦克是瑞士在 Pz61 主战坦克的基础上进一步发展的改良型。改进内容包括：采用较阔的履带以减轻接力压力；主炮加上垂直和水平稳定器；炮塔两侧各加上 3 个烟幕弹发射器，成为分辨 Pz68 和 Pz61 的外形特征。

105毫米L7线膛炮

柴油发动机

MG 51机枪

10 式主战坦克是由日本陆上自卫队以新中期防卫力整备计划为基础所开发的主战坦克，从试作到生产皆由三菱重工负责，2012 年 1 月开始正式服役于日本陆上自卫队。10 式坦克的定位是城市作战坦克，其四周的探测装置是一种复合探测器，并不只有激光探测器，还有红外成像传感器和被动式厘米波极高频雷达探测器。

日本10式 主战坦克

小 档 案	
长 度 ：	9.42米
宽 度 ：	3.24米
高 度 ：	2.3米
重 量 ：	44吨
最大速度：	70千米/小时

柴油发动机

120毫米滑膛炮

M2重机枪
74式车载机枪

小 档 案	
长 度 ：	9.76米
宽 度 ：	9.76米
高 度 ：	2.33米
重 量 ：	50.2吨
最大速度：	70千米/小时

日本90式 主战坦克

90 式主战坦克是日本研制的第三代坦克，1990 年进入日本陆上自卫队服役，是日本陆上自卫队现役的主要主战坦克之一。该坦克配有日本自制的自动装弹机，省去了装填手。该坦克使用的弹药主要为尾翼稳定脱壳穿甲弹和多用途破甲弹两种，其中尾翼稳定脱壳穿甲弹的初速达到 1650 米 / 秒，破甲弹为 1200 米 / 秒，备弹 40 发。

柴油发动机

120毫米滑膛炮

74式7.62毫米并列机枪
M2重机枪

小 档 案	
长　度 ：	9.67米
宽　度 ：	3.6米
高　度 ：	2.25米
重　量 ：	51.1吨
最大速度：	65千米/小时

韩国K1主战坦克

K1 主战坦克是由韩国现代汽车公司采用美国通用动力公司技术合作生产研发，在美国 M1 主战坦克的基础上研制而成的，其总体布置与 M1 主战坦克基本相同，外形相似。K1 主战坦克于 1987 年正式服役，采用常规结构布局，驾驶舱在前，战斗舱居中，发动机和传动装置位于后部。该坦克安装了第三代坦克的火控系统，主要由数字式弹道计算机、瞄准系统、传感器和伺服机构等组成，具有不论在静止间还是在行进间打击静止和活动目标的能力以及夜间作战能力。

105毫米L7线膛炮　　12.7毫米防空机枪 7.62毫米机枪　　柴油发动机

K2 主战坦克是韩国新一代主战坦克，由韩国国防科学研究所（ADD）和现代汽车属下单位以及韩国其他的国防工业公司合作研制，使用外国和本国技术混合研发而成，耗资 2.3 亿美元，从 1995 年开始研发，2011 年开始量产。负责开发 K2 主战坦克的韩国国防科学研究所形容它是"全世界技术水平最高的"一种主战坦克。

韩国K2主战坦克

120毫米滑膛炮

小 档 案	
长　度 ：	10米
宽　度 ：	3.1米
高　度 ：	2.2米
重　量 ：	55吨
最大速度：	70千米/小时

K6重机枪 7.62毫米机枪

柴油发动机

小 档 案	
长　度 ：	10.19米
宽　度 ：	3.85米
高　度 ：	2.32米
重　量 ：	58.5吨
最大速度：	72千米/小时

印度"阿琼"主战坦克

"阿琼"（Arjun）主战坦克是印度耗费 30 多年研制的一款第三代坦克，是世界上研制时间最长的主战坦克，其名称来源于印度史诗摩诃婆罗多中人物阿周那（Arjuna）。"阿琼"坦克主要着重于硬防护，采用了印度自制的"坎昌"式复合装甲，据称该装甲性能与英国的"乔巴姆"复合装甲相近，并可外挂反应装甲。

7.62毫米并列机枪 12.7毫米高射机枪

柴油发动机　　120毫米线膛炮

小 档 案	
长　度：	7.5米
宽　度：	3.6米
高　度：	2.4米
重　量：	65吨
最大速度：	70千米/小时

土耳其"阿勒泰"主战坦克

120毫米滑膛炮

12.7毫米重机枪遥控炮塔装置

混合燃料式发动机

"阿勒泰"（Altay）是土耳其的第三代主战坦克，目前处于研制阶段。该坦克为"国产坦克生产计划"的一部分，以在土耳其独立战争中指挥第5骑兵军的土耳其陆军将领法瑞丁·阿勒泰（Fahrettin Altay）命名。2011年5月11日，"阿勒泰"主战坦克模型于2011年IDEF展上公布。

"豹"2E（Leopard 2E）主战坦克是德国"豹"2主战坦克的一种衍生型，是现役的"豹"2系列中防护力最强的一种。"E"代表西班牙语中的西班牙。该坦克为西班牙陆军采用现代化军备，并结合其要求设计而成，预计将服役到2025年。虽然关于西班牙"豹"2E主战坦克的生产合约已在1998年签订，计划每个月生产4辆，但第一批的"豹"2E直到2003年才被生产出来。

西班牙"豹"2E主战坦克

小 档 案	
长　度：	7.7米
宽　度：	3.7米
高　度：	3米
重　量：	63吨
最大速度：	72千米/小时

120毫米L/55坦克炮

MG3通用机枪

柴油发动机

小 档 案	
长　度：	6.75米
宽　度：	3.25米
高　度：	2.42米
重　量：	30.5吨
最大速度：	75千米/小时

阿根廷TAM主战坦克

柴油发动机

7.62毫米机枪

105毫米线膛炮

TAM主战坦克是德国蒂森·亨舍尔公司（今莱茵金属公司）受阿根廷政府委托，为阿根廷陆军研制的主战坦克，用以替换阿根廷陆军原来装备的美制"谢尔曼"坦克。TAM主战坦克的车体与"黄鼠狼"步兵战车相似，前上装甲明显倾斜。驾驶员在车体前部左侧。车顶水平，炮塔偏车体后部。炮塔侧面为斜面，微向内上方倾斜。炮塔尾舱向后延伸几乎与车尾齐平。

小 档 案	
长　度：	9.53米
宽　度：	3.57米
高　度：	2.19米
重　量：	41.5吨
最大速度：	68千米/小时

南斯拉夫M-84主战坦克

M-84 主战坦克实际上是南斯拉夫获准生产的苏联T-72主战坦克，并装备了一系列自行制造的子系统（如火控系统）。M-84 主战坦克采用半球形炮塔，凸起的舱盖右侧装有 1 挺 NSVT 防空机枪，储物箱位于车体后部右侧，125毫米火炮装有热护套和抽气装置，火炮右侧装有红外线探照灯。必要时，车尾可携带自救木和附加燃料桶。

NSVT防空机枪

柴油发动机

125毫米2A46滑膛炮

TR-85 主战坦克是罗马尼亚在苏联 T-54/55 主战坦克的基础上换装新式炮塔及升级内部零件而成。主炮的口径仍为100 毫米，炮塔侧面前部设有附加装甲，炮塔后部两侧则备有多个防空机枪用的弹箱。火炮加装了激光测距仪，并且改善了火控系统。此外，TR-85主战坦克还装备了热能及激光探测系统，当被敌方坦克激光瞄准时会向车内人员发出警告。

罗马尼亚TR-85主战坦克

小 档 案	
长　度：	9.96米
宽　度：	3.44米
高　度：	3.1米
重　量：	50吨
最大速度：	60千米/小时

100毫米主炮

7.62毫米同轴机枪
12.7毫米防空机枪

柴油发动机

小 档 案	
长　度：	10.1米
宽　度：	3.6米
高　度：	2.2米
重　量：	48.5吨
最大速度：	70千米/小时

克罗地亚M-95"堕落者"主战坦克

M-95"堕落者"（M-95 Degman）是克罗地亚正研制中的主战坦克，是 M-84 主战坦克的升级发展型，由该国位于斯拉沃尼亚布罗德的杜洛·达克维奇特殊车辆制造厂负责此研制工程。M-95"堕落者"的开发也受到以色列埃尔比特（Elbit）公司的帮助，其提供自行开发的爆炸反应装甲，令该坦克防护力上有所提升。

125毫米2A46滑膛炮

遥控炮塔

柴油发动机

第 3 章

自行火炮入门

自行火炮在二战期间凸显威力，尤其是对坦克而言，更是它们的克星。二战后，由于其他更为先进的反坦克武器的诞生，加上大规模坦克战也已经渐渐地退出舞台，所以自行火炮这一武器的光芒开始暗淡，但它并没有被遗忘，因为它还有另外的用途，就是对远距离目标区域展开猛烈的火炮攻击。本章主要介绍二战以后世界各国制造的经典自行火炮，每种火炮都简明扼要地介绍了其制造背景和作战性能，并有准确的参数表格。

美国M107自行火炮

小 档 案	
长　度：	11.3米
宽　度：	3.47米
高　度：	3.15米
重　量：	28.3吨
最大速度：	80千米/小时

无辅助武器

175毫米M113/M113A1主炮

柴油发动机

1962年，美军在总结了所有优秀自行火炮的特点之后，推出力作——M107自行火炮。M107自行火炮是当时射程最远的机动性火炮武器，其175毫米M113主炮发射的66.6千克炮弹最远可达32.8千米。M107自行火炮采用的开放式车体设计虽然可降低重量，但令防护力大幅减弱，极长的炮管也影响车体平衡。

小 档 案	
长　度：	6.11米
宽　度：	3.15米
高　度：	3.28米
重　量：	21吨
最大速度：	56千米/小时

美国M108自行火炮

M108是美军研制的一款自行火炮，目的是为了取代M107，在役期间曾参与越南战争，为美军炮兵提供不少作战和支援。M108自行火炮由L/22式炮身结合履带式专用底盘构成，拥有两栖作战能力，铝合金打造的车体重量轻，使其有着比M107更好的机动性能，并且可空运，缺点是射程近、威力小。

M2重机枪

105毫米M103榴弹炮

柴油发动机

美国M109自行火炮

小 档 案	
长　度：	9.1米
宽　度：	3.1米
高　度：	3.3米
重　量：	27.5吨
最大速度：	56千米/小时

M2重机枪

155毫米M126榴弹炮

柴油发动机

M109 是美国研制的一款自行火炮，于 1963 年开始进入美国陆军服役，提供师和旅级部队所需的非直射火力支援。M109 自行火炮的车体结构由铝质装甲焊接而成，全车未采用密闭设计，也未配备核生化防护系统，但具备两栖浮游能力。未准备的状况下，它可直接涉渡 1.828 米深的河流，如加装呼吸管等辅助装备，则可以每小时约 6 千米的速度进行两栖登陆作业。

小 档 案	
长　度：	10.732米
宽　度：	3.15米
高　度：	3.15米
重　量：	28.35吨
最大速度：	54.7千米/小时

美国M110自行火炮

M110 是美军研制的一款大口径自行火炮，于 1961 年开始在美军服役，之后由于性能出众，衍生出许多不同的型号，其中包括 M110A1、M110A2 和 M578 等。除了主炮以外，M110 与 M107 结构大致相同，为了符合空运需求也严格限制了它的重量，采用了开放式炮塔。

203毫米M2/M201A1/M201A2加农炮

无辅助武器

柴油发动机

美国M142自行火炮

小 档 案	
长 度 ：	7米
宽 度 ：	2.4米
高 度 ：	3.2米
重 量 ：	10.9吨
最大速度：	85千米/小时

汽油发动机	无辅助武器	227毫米火箭运载导弹

M142自行火炮是美国于21世纪初开始研制的自行火箭炮，正式名称为M142高机动性炮兵火箭系统（High Mobility Artillery Rocket System，简称HIMARS，音译为"海马斯"），具有机动性能高、火力性能强、通用性能好等特点。M142自行火炮能为部队提供24小时全天候的支援火力，不仅可以发射普通火箭弹，也可以发射GMLRS制导火箭弹和陆军战术导弹，具备打击300千米以外目标的能力。

小 档 案	
长 度 ：	3.48米
宽 度 ：	2.8米
高 度 ：	1.18米
重 量 ：	3.4吨
最大速度：	45千米/小时

苏联ASU-57空降自行火炮

ASU-57是苏联在二战结束后设计生产的一款空降自行火炮，主要供空降部队使用，但其本身体积小，起到的作用并不大。ASU-57空降自行火炮的设计重点是尽可能小巧轻盈，车身主要为铝合金制造，正面装甲6毫米厚而侧方和后方4毫米厚。当要空投时，把ASU-57固定在一个地台上，此地台和1个拉出伞、4个直径30米的主降落伞相连，也可直接用Mi-6直升机空运。

SG-43中型机枪

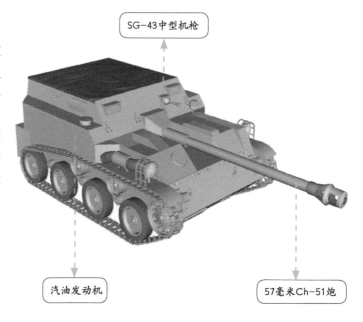

汽油发动机		57毫米Ch-51炮

苏联/俄罗斯2S4 "郁金香树" 自行火炮

小 档 案	
长　度：	8.5米
宽　度：	3.2米
高　度：	3.2米
重　量：	30吨
最大速度：	62千米/小时

120毫米后膛装填式迫击炮

PK通用机枪　　柴油发动机

2S4 "郁金香树" （2S4 tulip tree）是苏联研制的一款自行火炮，于1975年在苏联陆军服役，故北约给予M-1975的代号。2S4 "郁金香树" 自行火炮采用GMZ装甲布雷车的底盘，车体由钢板焊接而成，并强化抗弹能力，以防御小口径武器和炮弹破片。驾驶员和车长位于车辆左前方的驾驶舱，右前方则为动力舱，车体后半部为乘员/战斗舱。

苏联/俄罗斯2S5 "风信子" 自行火炮

小 档 案	
长　度：	8.33米
宽　度：	3.25米
高　度：	2.76米
重　量：	28.2吨
最大速度：	62千米/小时

2S5 "风信子" （2S5 hyacinth）是苏联研制的一款自行火炮，主要部署于苏联陆军和华沙公约组织国家的陆军，并少量出售给芬兰陆军。在整体结构上，2S5与美军的M107和M110自行火炮相似，故缺点也相同，例如：战斗室缺乏装甲防护，炮班在操炮时容易遭敌方火力杀伤；非密闭式车体，缺乏核生化防护能力；方向射界（左右各15度）狭窄，战术运用极为不利。

7.26毫米机枪

152毫米2A36火炮　　柴油发动机

苏联/俄罗斯2S9 "秋牡丹" 自行火炮

小 档 案	
长　度：	6.02米
宽　度：	2.63米
高　度：	2.3米
重　量：	8.7吨
最大速度：	60千米/小时

柴油发动机　　7.62毫米同轴机枪　　120毫米后膛装填式迫击炮

2S9 "秋牡丹" 自行火炮是苏联于20世纪70年代研制的一种可用于空降的120毫米自行迫击炮，现仍在俄罗斯军队中服役。2S9自行火炮性能优异，可提供空降部队于空降作战时所需的间接与直接支援火力，特别是可直接作为反坦克武器使用。此外，目前阿塞拜疆、白俄罗斯、吉尔吉斯斯坦、摩尔多瓦、土库曼斯坦、乌克兰、乌兹别克斯坦等国也仍有一定数量的2S9自行火炮服役。

苏联/俄罗斯2S19 "姆斯塔" 自行火炮

小 档 案	
长　度：	7.15米
宽　度：	3.38米
高　度：	2.99米
重　量：	42吨
最大速度：	60千米/小时

2S19 "姆斯塔" 是苏联解体之前刚刚完成研制的一型履带式自行火炮，1989年开始装备苏军部队。2S19自行火炮的炮塔左上侧有潜望镜，右前有小型炮长指挥塔，装有1挺机枪、1个白光/红外探照灯和1个昼间红外观察装置。该炮车体前部还配有轻型自动挖壕系统，可在15～20分钟内挖好防护壕。

NSVT防空机枪

152毫米榴弹炮　　　　　柴油发动机

俄罗斯2S31 "维也纳" 自行火炮

PKTM机枪　　120毫米2A80火炮

柴油发动机

2S31 "维也纳" 自行火炮于2014 年装备俄罗斯军队，采用BMP-3 步兵战车底盘的 2S31 自行迫榴炮，可以充分满足现代条件下诸兵种作战和对敌火力打击的需要，能对付暴露和掩蔽的敌有生力量、火力兵器、连营旅指挥观察所、重要的高机动性点目标及近距离装甲目标等。

俄罗斯2S35 "联盟" -SV自行火炮

Kord重机枪烟雾弹发射器　　　152毫米2A88榴弹炮

柴油发动机

2S35 "联盟" -SV 自行火炮是为取代 2S19 自行火炮而研制的，在2015 年 5 月 9 日俄罗斯纪念卫国战争胜利 70 周年的阅兵式上首次公开亮相。2S35 采用自动化弹药填装系统，大大提高了整体的自动化水平。在信息系统上，每名车组人员工作台都配有远程火控系统和所有操作仪表监控系统，并与统一的信息指挥系统相连。

德国PzH2000自行火炮

小 档 案	
长 度：	11.7米
宽 度：	3.6米
高 度：	3.1米
重 量：	55吨
最大速度：	60千米/小时

155毫米L52榴弹炮

MG3通用机枪

柴油发动机

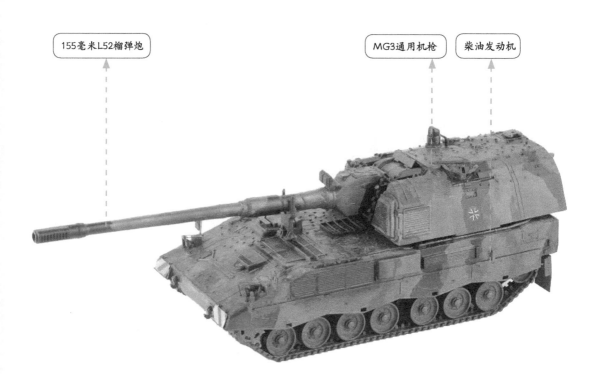

　　PzH2000是德国研制的口径为155毫米的自行火炮，是世界上第一种装备部队的52倍口径155毫米自行火炮。基于德国二战时在自行火炮研制所取得的瞩目成就，PzH2000作为目前德国最先进的自行火炮，在性能、威力、机动性、自动化程度、技术水准等方面也居世界领先地位。在战场上，PzH2000完全能同"豹"式主战坦克协同作战。另外，PzH2000还曾在热带和寒带地区进行试验，能够适应各种极端气候。

▲ 急速行驶的 PzH2000 自行火炮

▲ 正在开火的 PzH2000 自行火炮

法国"凯撒"自行火炮

小 档 案	
长 度：	10米
宽 度：	2.55米
高 度：	3.7米
重 量：	17.7吨
最大速度：	100千米/小时

155毫米榴弹炮

无辅助武器

柴油发动机

"凯撒"自行火炮是法国研制的 155 毫米轮式自行榴弹炮，由法国地面武器工业集团设计和生产，拥有先进的设计理念和制造技术，备受国际火炮专家推崇。不同于有炮塔的自行火炮，"凯撒"自行火炮的突出标志是没有炮塔，其结构简单、系统重量轻，具有优秀的机动性能。该火炮在射击时要在车体后部放下大型驻锄，使火炮成为稳固的发射平台，这是它与有炮塔自行火炮的又一大区别。

小 档 案	
长 度：	9.07米
宽 度：	3.5米
高 度：	2.49米
重 量：	45吨
最大速度：	53千米/小时

英国AS-90自行火炮

AS-90 自行火炮是英国维克斯造船与工程公司（现 BAE 系统公司）研制的 155 毫米轻装甲自行榴弹炮，1992 年开始装备英国陆军。AS-90 自行火炮还积极开拓国外市场，具有很大的出口潜力。AS-90 自行火炮的炮塔内留了较大的空间，可以在不做任何改动的情况下换装 155 毫米 52 倍径的火炮，动力舱也可以换装更大功率的发动机。

155毫米火炮

L7重机枪

柴油发动机

小 档 案	
长 度：	12米
宽 度：	3.4米
高 度：	2.73米
重 量：	47吨
最大速度：	67千米/小时

韩国K9自行火炮

155毫米榴弹炮

HMG重机枪

柴油发动机

K9是韩国于20世纪90年代研制的155毫米52倍口径自行火炮，韩国因此成为世界第二个、亚洲第一个装备此类自行火炮的国家。K9自行火炮的制式装备包括美国霍尼韦尔公司的模块式定向系统、自动火控系统、火炮俯仰驱动装置和炮塔回转系统。停车时，火炮可在30秒内开火，行军时可在60秒内开火。

75式自行火炮是由日本小松制作所于1975年研发制造的，主要装备日本陆上自卫队。75式自行火炮主要由运载发射车、发射装置、地面测风装置和瞄准装置等组成。发射装置为长方形箱体，分三层，每层有10根定向管。该火炮装有陀螺罗盘式导航仪，不需预先调整射向，因此射击准备迅速。

日本75式自行火炮

155毫米榴弹炮

M2重机枪

柴油发动机

小 档 案	
长 度：	5.78米
宽 度：	2.8米
高 度：	2.67米
重 量：	16.5吨
最大速度：	53千米/小时

小 档 案	
长 度：	11.3米
宽 度：	3.2米
高 度：	4.3米
重 量：	40吨
最大速度：	50千米/小时

日本99式自行火炮

155毫米榴弹炮

M2重机枪

柴油发动机

99式自行火炮是日本研制的155毫米自行火炮，全面取代了风光一时的75式155毫米自行火炮，成为日本陆上自卫队的主要炮兵装备。99式自行火炮的火控系统高度自动化，具有自动诊断和自动复原功能。尽管炮车上安装了全球定位系统（GPS），但车上装有惯性导航装置（INS），可以自动标定自身位置，并且可以和新型野战指挥系统共享信息。这样，从炮车进入阵地到发射第一发弹，仅需要1分钟的时间，便于采取"打了就跑"的战术。

第 4 章

轮式装甲战斗车辆入门

在冷战中期，轮式装甲车仅用作侦察、后方警戒／反游击等用途，后来随着冶金、机加工、结构等技术的进步，轮式车辆的承载和越野性能有了很大提高，因此在 20 世纪 80 年代后期，轮式装甲车开始以战斗车辆的身份崭露头角。本章主要介绍冷战以来世界各国制造的经典轮式装甲战斗车辆，每种战车都简明扼要地介绍了其制造背景和作战性能，并有准确的参数表格。

美国M1117 "守护者" 装甲车

小 档 案

长 度：	6米
宽 度：	2.6米
高 度：	2.6米
重 量：	13.47吨
最大速度：	63千米/小时

柴油发动机　M2重机枪　Mk 19自动榴弹发射器

M1117 "守护者" （M1117 Guardian）是一种四轮装甲车，由美国德事隆海上和地面系统公司制造，配有Mk 19榴弹发射器、M2重机枪。1999年，美军购入M1117作为宪兵用车，之后加强了装甲，并投入阿富汗和伊拉克战场，取代部分 "悍马" 车。因为 "悍马" 车的装甲版M114在许多状况下不能抵挡火力，因此美军采购了更多的M1117。

▲ M1117 装甲车前侧方特写

▲ M1117 装甲车战斗编队

美国 "斯特赖克" 装甲车

小 档 案	
长 度：	6.95米
宽 度：	2.72米
高 度：	2.64米
重 量：	16.47吨
最大速度：	100千米/小时

105毫米L7线膛炮
120毫米M121迫击炮
M2重机枪
Mk 19自动榴弹发射器

M240通用机枪

柴油发动机

"斯特赖克"装甲车（Stryker vehicle）由美国通用动力子公司设计生产，设计理念源于瑞士的"食人鱼"装甲车。"斯特赖克"装甲车的最大特点与创新在于，几乎所有的延伸车型都可以用即时套件升级方式从基础型改装而来，改装可以在战场前线上完成，因此提供了极大的运用弹性。

小 档 案	
长 度：	6.95米
宽 度：	2.72米
高 度：	2.64米
重 量：	18.77吨
最大速度：	96千米/小时

美国M1128机动炮车

M240通用机枪
烟雾弹发射器

105毫米L7线膛炮

柴油发动机

M1128 机动炮车（M1128 Mobile Gun System, MGS）是美国"斯特赖克"装甲车系列的火炮装甲车版本，其上装有一门105毫米线膛炮。它目前的主要用户是美国，但包含加拿大在内的其他数个国家都有意愿将之纳入制式装备。该车的基础装甲主要用于抵挡152毫米榴弹炮的射击，但仍能于1小时内以加挂防爆装甲的方式将车辆升级至完全战斗模式，并可携带足够的弹药及燃料以便执行24小时不间断的任务而无需补给。

小档案

长　度：	6.95米
宽　度：	2.72米
高　度：	2.64米
重　量：	16.47吨
最大速度：	100千米/小时

美国M1129迫击炮车

M1129 迫击炮车（M1129 Mortar Carrier）是美国"斯特赖克"装甲车系列的迫击炮车版本，由通用动力公司陆地系统部门制造，目前服役于美国陆军。第一辆 M1129 迫击炮车于 2005 年春季被交付予第 172 "斯特赖克"旅级战斗队使用。该部队于 2005 年 8 月被部署至伊拉克，成为首支于战场上装备 M1129 迫击炮车的部队。

M240机枪
M224迫击炮

M120迫击炮
M252迫击炮

柴油发动机

M1134 反战车导弹车（M1134 Anti-Tank Guided Missile Vehicle）是美国"斯特赖克"装甲车系列的反战车导弹载具版本。这款武器是"斯特赖克"旅级战斗队主要的反坦克武器系统，通常被指派协同营级步兵单位作战，或是支援旅及侦察部队的侦察行动，并提供长程火力支援。

美国M1134反战车导弹车

小档案

长　度：	6.95米
宽　度：	2.72米
高　度：	2.64米
重　量：	15吨
最大速度：	100千米/小时

M2重机枪
M240通用机枪

BGM-71"陶"式导弹

柴油发动机

小档案

长　度：	5.69米
宽　度：	2.26米
高　度：	2.54米
重　量：	9.8吨
最大速度：	88千米/小时

美国V-100装甲车

V-100 是美国凯迪拉克盖集汽车公司（Cadillac Gage）设计生产的一款轻型装甲车。该车采用 4×4 轮式底盘，有着非常强大的机动性能。V-100 担任了许多角色，包括装甲运兵车、救护车、消防车、反坦克车、迫击炮载体等。该车在越南战争经历战火的洗礼，在美军中的昵称为"鸭子"。

90毫米Mk 3主炮
7.62毫米机枪

烟雾弹

柴油发动机

美国HMMWV装甲车

小 档 案

长 度：	4.6米
宽 度：	2.1米
高 度：	1.8米
重 量：	2.34吨
最大速度：	105千米/小时

7.62毫米机枪

榴弹发射器

柴油发动机

　　HMMWV（High Mobility Multipurpose Wheeled Vehicle，意为：高机动性多用途轮式车辆）是由美国汽车公司（AMC）设计生产的一款多用途装甲车。该车拥有一个可以乘坐4人的驾驶室和一个帆布包覆的后车厢。四个座椅被放置在车舱中部隆起的传动系统的两边，这样的重力分配，可以保证其在崎岖光滑的路面上可以提供良好的抓地力和稳定性。1991年，历经海湾战争一役后，其优异的机动性、越野性、可靠性、耐久性以及与各式武器承载上的安装适应能力，使该款车声名大噪。

▲ HMMWV 装甲车前侧方特写

▲ HMMWV 装甲车执行作战任务

小 档 案	
长　度：	4.6米
宽　度：	2.3米
高　度：	1.9米
重　量：	3吨
最大速度：	100千米/小时

美国JLTV装甲车

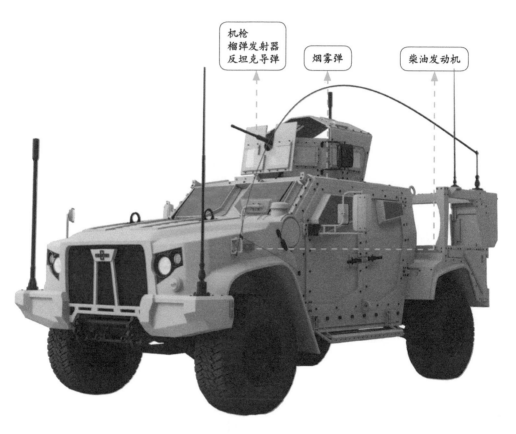

机枪
榴弹发射器
反坦克导弹

烟雾弹

柴油发动机

　　JLTV（Joint Light Tactical Vehicle，意为：联合轻型战术车辆）是美国洛克希德·马丁公司设计生产的一款用于取代 HMMWV 的装甲车，是针对路边炸弹威胁而设计的。不同于HMMWV 装甲车，JLTV 的一些部件能被炸飞，以帮助抵消爆炸力。目前 JLTV 装甲车有 A、B、C 三种型号。

▲ JLTV 装甲车前侧方特写

▲ 运输中的 JLTV 装甲车

法国VBCI步兵战车

小档案	
长度：	7.6米
宽度：	2.98米
高度：	3米
重量：	25.6吨
最大速度：	100千米/小时

25毫米M811机炮
AA-52通用机枪

柴油发动机　　7.62毫米机枪

VBCI是法国新一代步兵战车，于2008年开始服役。它具备与主战坦克接近的机动性与通过性，可以由A400M"空中客车"运输机运输，具有良好的战略机动性。VBCI步兵战车对乘员和军队提供多种威胁保护，包括155毫米炮弹碎片和小/中等口径炮弹等。它的铝合金焊接车体，配备有装甲碎片衬层和附加钛装甲护板，以保护反坦克武器。框结构底盘和驱动装置提供爆炸地雷的防护。

小档案	
长度：	3.8米
宽度：	2.02米
高度：	1.7米
重量：	3.5吨
最大速度：	95千米/小时

法国VBL装甲车

VBL是法国自制的一种军用机动车，有轻装甲能力，车顶上安装有可360度回旋的枪架和枪盾设置，能安装多种轻/重机枪（如FN Minimi轻机枪、勃朗宁M2重机枪等）。该车虽然有装甲，但是重量不到4吨，具有很强的战略机动性。此外，它的体积也很小，便于运输。

无辅助武器

FN Minimi轻机枪
M2重机枪

柴油发动机

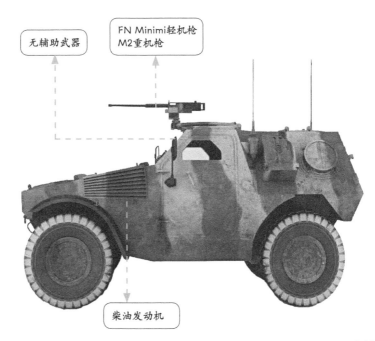

加拿大LAV-3装甲车

小 档 案	
长 度：	6.98米
宽 度：	2.7米
高 度：	2.8米
重 量：	16.95吨
最大速度：	100千米/小时

25毫米M242机炮

M2重机枪

柴油发动机

LAV-3（LAV-III）装甲车为加拿大军队的主要战车之一。该车有着极其优秀的生存能力、机动性和火力，并且引入双V型车体技术，附加装甲防护和减振座椅，可为乘员提供更高的防御地雷、简易爆炸装置及其他威胁的能力。2011年加拿大政府与通用动力公司地面系统加拿大分部签订了一份价值10.52亿美元的合同，为LAV-3装甲车集成综合升级组件。

加拿大LAV-25装甲车

小 档 案	
长 度：	6.39米
宽 度：	2.5米
高 度：	2.69米
重 量：	12.8吨
最大速度：	100千米/小时

LAV-25是美国通用汽车公司加拿大分部为美军设计的一款装甲车。该车有多种型号，包括LAV A1/A2（步兵型）、LAV-AT（反战车型）和LAV-M（迫击炮型）等，这些装甲车能依靠美军现用的运输机或直升机空运或空投。不同的型号，其设计也有所不同，比如LAV A1/A2（步兵型）没有炮塔，但所配备的装甲较其他车型略厚实，可保护步兵免受普通弹药的伤害。

M2重机枪

25毫米M242机炮

柴油发动机

意大利"半人马"装甲车

小 档 案

长 度：	7.85米
宽 度：	2.94米
高 度：	2.73米
重 量：	25吨
最大速度：	110千米/小时

105毫米滑膛炮

柴油发动机   MG3通用机枪

"半人马"装甲车（B1 Centauro）是由 CIO 联合厂商协会（全称 Consortile Iveco Fiate-Oto Melara）设计生产，于 1991 年投产，2006 年完成全部现有订单的出货。该车有较高的火力、出色的航程和越野力以及先进的火控系统，它的主要功能是保护轻型机械化部队。

意大利VBTP-MR装甲车

小 档 案

长 度：	6.9米
宽 度：	2.7米
高 度：	2.34米
重 量：	16.7吨
最大速度：	110千米/小时

VBTP-MR 装甲车是意大利依维柯公司专为巴西军队设计的一种轮式两栖装甲战斗车，2015 年开始装备巴西海军陆战队。该车采用常规布局，动力系统前置，进出气口位于车体右侧，驾驶员和车长一前一后位于车前左侧。VBTP-MR 装甲车可在行进间射击，观瞄火控系统还整合了目标自动跟踪、激光测距等功能，对移动目标具有较高的首发命中率。

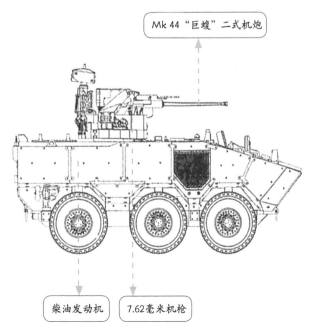

Mk 44 "巨蝮"二式机炮

柴油发动机   7.62毫米机枪

南非"蜜獾"步兵战车

小 档 案	
长　度：	7.21米
宽　度：	2.5米
高　度：	2.39米
重　量：	18.5吨
最大速度：	105千米/小时

90毫米半自动速射炮

7.62毫米机枪

柴油发动机

"蜜獾"（Ratel）是桑多克－奥斯特拉公司为南非军队研制的轮式步兵战车。根据所装武器的不同又可分为"蜜獾"20、"蜜獾"90和"蜜獾"60三种主要车型，三种车型所装载的武器也各不相同。尽管"蜜獾"步兵战车和当代世界上顶级的步兵战车相比不算很先进，但它很实用，特别是对南部非洲地区来说更是如此。

小 档 案	
长　度：	7.1米
宽　度：	2.9米
高　度：	2.6米
重　量：	28吨
最大速度：	120千米/小时

南非"大山猫"装甲车

"大山猫"（Rooikat）装甲车是一种由南非设计、装备南非陆军的轮式装甲战斗车辆。它是专为作战侦察而设计的，其二级角色包括战斗支援、反装甲和反游击作战。该车适用于深层渗透任务，轮式设计是为了追求更高的速度和通行性。早期的"大山猫"装甲车拥有较为现代化的火控系统，炮长瞄准镜带有昼/夜通道，具备夜间作战能力。改进后配有数字式火控系统，拥有被动图像增强器和热成像设备。

76毫米线膛炮

M1917A4重机枪

柴油发动机

日本机动战斗车

小 档 案	
长 度：	8.45米
宽 度：	2.87米
高 度：	2.98米
重 量：	26吨
最大速度：	100千米/小时

105毫米坦克炮

M2重机枪
7.62毫米机枪

柴油发动机

机动战斗车（Maneuver Combat Vehicle，MCV）是由日本三菱重工研发制造的轮式战斗车辆，采用8×8轮型装甲底盘，底盘高度降低，以增加射击稳定性。该车能由C-2运输机进行战斗部署，车上编制4名人员，分别是驾驶、车长、炮手与装填手。机动战斗车的正面应至少能抵抗20毫米穿甲弹射击，全车可抵抗各种角度射来的12.7毫米机枪弹。

小 档 案	
长 度：	4.4米
宽 度：	2.04米
高 度：	1.85米
重 量：	4.4吨
最大速度：	100千米/小时

日本LAV装甲车

LAV装甲车（Komatsu LAV）是日本陆上自卫队最新装备的轻型多用途轮式装甲车。从外形上看，LAV装甲车采用了法国VBL装甲车特有的略带楔形车身，但比VBL多了一对侧门，车内容积也相应地有所增大。LAV装甲车能载4名乘员，有一定的运兵能力，而VBL则是专门的战斗车辆，乘员最多不超过3人。

M2重机枪

87式反战车导弹

柴油发动机

小 档 案	
长 度：	5.7米
宽 度：	2.4米
高 度：	2.4米
重 量：	7.2吨
最大速度：	140千米/小时

俄罗斯GAZ "猛虎" 装甲车

GAZ "猛虎" 是俄罗斯嘎斯汽车公司于21世纪初研制的轮式轻装甲战斗车，于2006年开始服役。GAZ "猛虎" 采用非承载式车身，即车身与大梁为两个单独架构。动力总成和悬架固定在大梁上，车身也装配在大梁上。虽然整车重量提高了很多，但是从安全性和可靠性上提升了更多。该车可以搭载多种武器，包括7.62毫米Pecheneg通用机枪、12.7毫米Kord重机枪、AGS-17型30毫米榴弹发射器、"短号" 反坦克导弹发射器等。

无辅助武器

Kord重机枪
Pecheneg通用机枪
AGS-17自动榴弹发射器

柴油发动机

"沙猫"（Sand Cat）是以色列设计的一款轻型8人装甲车，由福特F-450系列卡车改装而来，适用于轻度战争区域。2006年，"沙猫" 装甲车在中美洲卡车展上公开亮相。2008年，美国奥什科什公司也开始获得授权生产 "沙猫" 装甲车。

以色列 "沙猫" 装甲车

小 档 案	
长 度：	5.04米
宽 度：	2米
高 度：	2.25米
重 量：	9.08吨
	130千米/小时

无辅助武器

遥控机枪塔

柴油发动机

小 档 案	
长 度：	5.23米
宽 度：	2.22米
高 度：	2.1米
重 量：	6.2吨
最大速度：	115千米/小时

土耳其 "眼镜蛇" 装甲车

拉斐尔车顶遥控武器站

"长钉" 反坦克导弹

柴油发动机

"眼镜蛇"（Kobra）是土耳其设计生产的一款装甲车，于1997年开始装备土耳其陆军。"眼镜蛇" 装甲车采用单体构造及V型车壳，能有效对抗轻武器、炮弹碎片及地雷攻击，特别设计的前轮在地雷爆炸时会弹飞以免损坏车壳。该装甲车具有多种衍生型，适合不同任务和用途，其中包括运兵、反坦克、侦察、地面监视雷达、炮兵观测、救护和指挥等，车顶的遥控武器系统通常装备重机枪、20毫米机炮、反坦克导弹或地对空导弹。

小 档 案	
长　度：	4.6米
宽　度：	2.3米
高　度：	1.9米
重　量：	3吨
最大速度：	100千米/小时

瑞士"食人鱼"装甲车

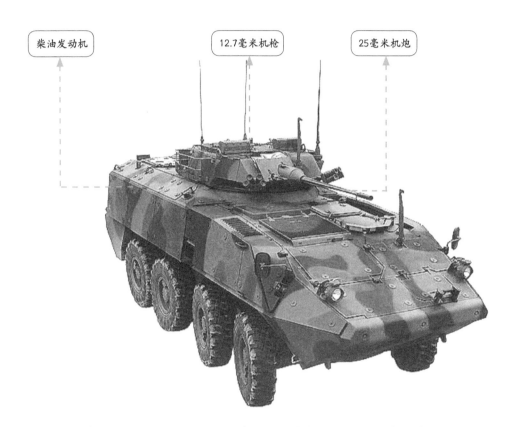

柴油发动机　　　　　12.7毫米机枪　　　　　25毫米机炮

瑞士是个永久中立国家，但国防建设从未放松过，武器装备技术也一直不落伍。不过从一战结束到二战结束，瑞士的装甲车全是外国货，直到20世纪50年代初，瑞士才开始设计自己的坦克装甲车辆。莫瓦格公司（Mowag）的"食人鱼"（Piranha）装甲车一经推出，便得到了各国军方的青睐。该装甲车除了车型多样性、技术先进外，最主要的就是它可水陆两用。

▲ "食人鱼"装甲车前侧方特写

▲ "食人鱼"装甲车进行爬坡测试

巴西EE-11装甲车

小 档 案	
长 度：	6.15米
宽 度：	2.65米
高 度：	2.12米
重 量：	14吨
最大速度：	105千米/小时

25毫米机炮
90毫米机炮

7.62毫米机枪
M2重机枪

柴油发动机

EE-11是巴西恩格萨公司设计生产的一款6轮装甲战斗车，从20世纪90年代服役至今。该车的武器是在车顶环形枪架上安装1挺M2HB 12.7毫米机枪或7.62毫米机枪。此外，还可安装多种武器装置，如"蝎"式轻型坦克的双人炮塔、ESDTA20双管20毫米机关炮塔和汤姆逊·布朗特60毫米迫击炮等。

小 档 案	
长 度：	4.8米
宽 度：	2.1米
高 度：	1.9米
重 量：	2吨
最大速度：	135千米/小时

西班牙"瓦曼塔"装甲车

"瓦曼塔"装甲车（URO VAMTAC）是由西班牙UROVESA公司设计生产的一款军用车辆，目前在数十个国家的军警中服役。"瓦曼塔"装甲车由4轮驱动，越野能力尤为突出，整体结构模仿自HMMWV装甲车。该车可以装载各种各样的武器，其中包括机枪、榴弹发射器、反坦克导弹、81毫米迫击炮、M40无后坐力炮和轻型防空导弹等。

25毫米机炮

多种重机枪

柴油发动机

第5章

履带式战斗车辆入门

　　履带式战斗车可在难以通行的土地上行驶，因其车底距地高小，故整车外形低矮。此外，从行动来说，履带式战斗车可提供较稳定的火炮平台，且有可能提供行进间射击能力。本章主要介绍冷战时期以来世界各国制造的经典履带式战斗车辆，每种战车都简明扼要地介绍了其制造背景和作战性能，并有准确的参数表格。

美国AIFV步兵战车

小 档 案	
长 度：	5.285米
宽 度：	2.819米
高 度：	2.794米
重 量：	11.4吨
最大速度：	61.2千米/小时

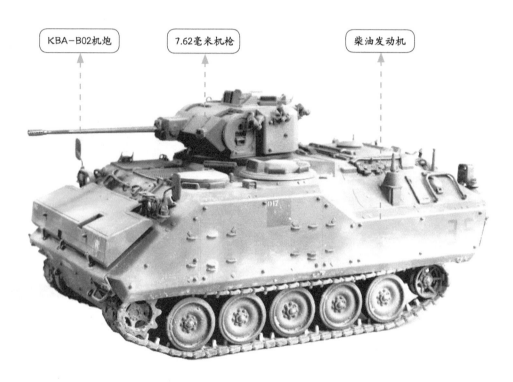

KBA-B02机炮　　7.62毫米机枪　　柴油发动机

　　AIFV 是由美国食品机械化学公司军械分部于 20 世纪 70 年代制造的履带式步兵战车，目前在荷兰、比利时等国服役。AIFV 步兵战车车体采用铝合金焊接结构，为了避免意外事故，车内单兵武器在射击时都有支架。舱内还有废弹壳搜集袋，以防止射击后抛出的弹壳伤害邻近的步兵。

▲ AIFV 步兵战车上方特写

▲ 运输中的 AIFV 步兵战车

美国M2 "布雷德利" 步兵战车

小 档 案

长　度：	6.55米
宽　度：	3.6米
高　度：	2.98米
重　量：	30.4吨
最大速度：	66千米/小时

柴油发动机　　　　M240通用机枪　　　BGM-71 "陶" 式导弹
　　　　　　　　　　　　　　　　　　M242巨蝮式链炮

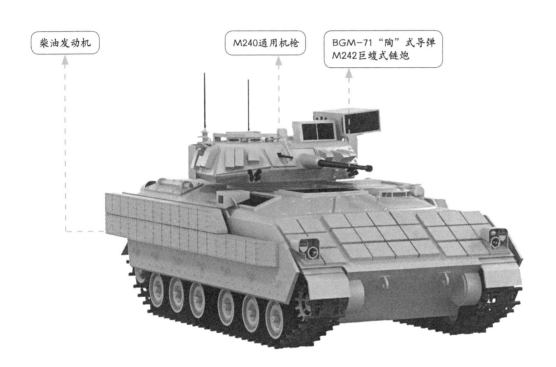

　　M2 "布雷德利" （M2 Bradley IFV）是由美国 BAE 系统公司于 20 世纪 80 年代制造的履带式步兵战车，可独立作战或协同坦克作战。M2 "布雷德利" 的车体为铝合金装甲焊接结构，其装甲可以抵抗 14.5 毫米枪弹和 155 毫米炮弹破片。其中，车首前上装甲、顶装甲和侧部倾斜装甲采用铝合金，车首前下装甲、炮塔前上部和顶部为钢装甲，车体后部和两侧垂直装甲为间隙装甲。

▲ 正在发射武器的 M2 "布雷德利" 步兵战车

▲ 急速行驶的 M2 "布雷德利" 步兵战车

小 档 案	
长 度：	5.34米
宽 度：	2.65米
高 度：	2.04米
重 量：	7.5吨
最大速度：	70千米/小时

苏联/俄罗斯 BMD-1伞兵战车

BMD-1 是苏联于 1960 年研发、1973 年正式装备空降部队的一款伞兵战车，是 BMD 系列伞兵战车的第一款。BMD-1 伞兵战车车体前部为驾驶室，中部为战斗室，炮塔位于车体中部靠前（单人炮塔），后部为载员室，再后是动力舱。BMD-1 不设后门，载员只能从载员室的上方出入。

73毫米滑膛炮 AT-3反坦克导弹发射器

7.62毫米机枪

柴油发动机

BMD-2 是苏联于 1985 年研发、1988 年正式装备空降部队的一款伞兵战车，是 BMD 系列伞兵战车的第二款。BMD-2 和 BMD-1 伞兵战车整体框架是一致的，只是所采用武器不同。BMD-2 的主要武器为 1 门 2A42 型 30 毫米机炮，在其上方装有 1 具 AT-4（后期型号装备 AT-5）反坦克火箭筒（射程 500 ~ 4000 米）。载员舱侧面开有射击孔，乘员可在车内向外以轻武器射击。

苏联/俄罗斯 BMD-2 伞兵战车

小 档 案	
长 度：	5.34米
宽 度：	2.65米
高 度：	2.04米
重 量：	8.23吨
最大速度：	60千米/小时

30毫米2A42型机关炮 AT-4/AT-5反坦克导弹发射器

7.62毫米机枪

柴油发动机

小 档 案	
长 度：	6.51米
宽 度：	3.134米
高 度：	2.17米
重 量：	13.2吨
最大速度：	60千米/小时

苏联/俄罗斯 BMD-3伞兵战车

BMD-3 是苏联于 1980 年研发、1990 年正式装备空降部队和海军的一款伞兵战车，是 BMD 系列伞兵战车的第三款。BMD-3 伞兵战车的设计是以 BMD-1 和 BMD-2 为基础的，但是其底盘、舱室布置、发动机功率和悬挂方式等与这两者完全不同，因此它算得上是一款全新的战车。

30毫米2A42型机关炮 AT-4/AT-5反坦克导弹发射器

7.62毫米机枪 5.45毫米机枪 AGS-17"烈火"自动榴弹发射器

柴油发动机

小 档 案

长 度 ：	6.51米
宽 度 ：	3.13米
高 度 ：	2.17米
重 量 ：	14.6吨
最大速度：	60千米/小时

苏联/俄罗斯 BMD-4伞兵战车

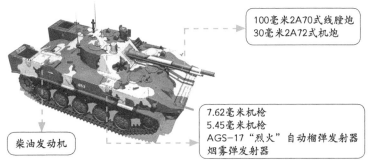

100毫米2A70式线膛炮
30毫米2A72式机炮

7.62毫米机枪
5.45毫米机枪
AGS-17"烈火"自动榴弹发射器
烟雾弹发射器

柴油发动机

BMD-4 是苏联于 1990 年研发的一款伞兵战车，是 BMD 系列伞兵战车的第四款。BMD-4 伞兵战车的主要武器为 1 门 2A70 型 100 毫米线膛炮。该炮双向稳定配自动装弹机（可行进间开火），可发射杀伤爆破弹和炮射导弹（9M117 型）。发射 9M117 炮射导弹时射程为 4000 米，可穿透 550 毫米均质钢板。因该车具备发射炮射导弹能力，故无外置反坦克导弹发射器。

BMP-1 是苏联二战后设计生产的第一种步兵战车，曾参加阿富汗战争和海湾战争等，目前仍有部分在俄罗斯和其他国家服役。车身前方右侧是动力舱，发动机和齿轮箱都被放在此，车前左侧是驾驶和其身后的车长，车中是炮塔，炮塔中有炮手操作 1 挺 73 毫米 2A28 滑膛炮、9K11 反坦克导弹以及 1 挺 PKT 机枪，车后的运兵舱可载 8 名士兵。两排士兵是背对背坐，士兵有枪孔可以在车内向车外射击（主要是 AK 枪械）。

苏联/俄罗斯 BMP-1 步兵战车

73毫米滑膛炮
9K11反坦克导弹

PKT机枪

柴油发动机

小 档 案

长 度 ：	6.74米
宽 度 ：	2.94米
高 度 ：	2.07米
重 量 ：	13.2吨
最大速度：	65千米/小时

小 档 案

长 度 ：	6.74米
宽 度 ：	2.94米
高 度 ：	2.07米
重 量 ：	14.3吨
最大速度：	65千米/小时

苏联/俄罗斯 BMP-2 步兵战车

PKT机枪

柴油发动机

30 毫米2A42机炮
AT-5反坦克导弹

BMP-2 是 BMP-1 步兵战车的改良型，属 BMP 系列的第二款，目前在数十个国家的军队中服役。BMP-2 步兵战车改用一个较大的双人炮塔取代了 BMP-1 的单人炮塔，主要武器改为 30 毫米 2A42 机炮和 AT-5 反坦克火箭筒（出口型号则一般安装 AT-4 反坦克火箭筒）。此外，BMP-2 还能以 7 ~ 8 千米 / 小时的速度在水上行驶（用履带伐水推进），其余配置和 BMP-1 大体相同。

小 档 案	
长 度：	7.14米
宽 度：	3.2米
高 度：	2.4米
重 量：	18.7吨
最大速度：	72千米/小时

苏联/俄罗斯 BMP-3步兵战车

100毫米2A70线膛炮
30毫米2A72机炮

柴油发动机

215

PKT机枪

BMP-3是苏联于1986年推出的BMP系列第三款步兵战车，1989年正式投产并装备军队。BMP-3动力组件由 BMP-1、BMP-2 的车头改为在车尾，为了乘员进出而在车尾加上两道有脚踏的车门，为此动力组件造得扁平以降低高度，所以 BMP-3 乘员进出的便利性不及 BMP-1、BMP-2。

T-15是一款俄罗斯的重型步兵战车，首次公开亮相是在 2015 年俄罗斯纪念卫国战争胜利 70 周年阅兵式的预演中。T-15 步兵战车是以反应式装甲作为其主要防护的，装载了"回旋镖"-BM遥控炮塔，同时搭载了 2A42式 30 毫米机炮、1 挺 PKT机枪。该战车两侧还各搭载了 1 门 9M133 反坦克导弹。

俄罗斯T-15 步兵战车

30毫米2A42机炮

小 档 案	
长 度：	11米
宽 度：	3.7米
高 度：	3.3米
重 量：	48吨
最大速度：	70千米/小时

PKT机枪
9M133"短号"反坦克导弹

柴油发动机

小 档 案	
长 度：	7.2米
宽 度：	3.37米
高 度：	1.94米
重 量：	48吨
最大速度：	60千米/小时

俄罗斯BMPT "终结者" 坦克支援战车

PKT机枪

30毫米2A42机炮
9M120反坦克导弹
AGS-17"烈火"自动榴弹发射器

柴油发动机

BMPT 坦克支援战车是俄罗斯研发的履带式装甲战斗车辆，用于支援坦克及步兵作战行动，尤其是应对城市作战。由于其强大火力，因而有"终结者"的绰号。根据俄军的战术构想，城市战中使用的 BMPT 与主战坦克的比例是 2：1，也就是 2辆 BMPT 掩护、支援 1 辆坦克；而在乡村地区作战，这个比例则为 1：2，即由 1 辆 BMPT协助 2 辆坦克作战。

英国FV510 "武士" 步兵战车

小 档 案

长　度：	6.3米
宽　度：	3.03米
高　度：	2.8米
重　量：	25.4吨
最大速度：	75千米/小时

L-94A1同轴机枪
"陶"式反坦克导弹

30毫米L-21A1机炮

柴油发动机

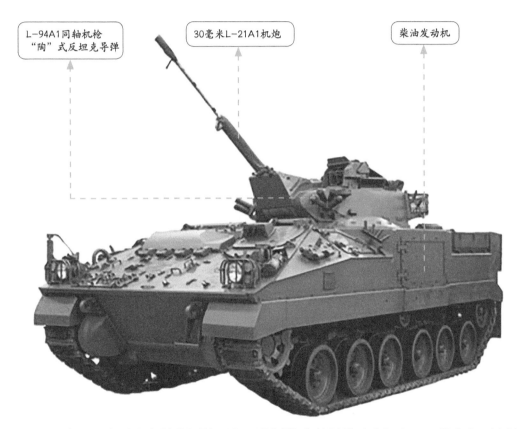

FV510 "武士" 步兵战车是英国陆军主要的履带式装甲战斗车辆之一，曾参与两次波斯湾战争、科索沃战争以及波斯尼亚维和任务，表现十分优异。该车的装甲以铝合金焊接为主，能抵挡14.5毫米穿甲弹以及155毫米炮弹破片的攻击。"武士" 步兵战车拥有核生化防护能力，核生化防护系统为全车加压式，并考虑到了长时间作战下的人员需求。

▲ **FV510 "武士" 步兵战车正在发射武器**

▲ **急速行驶的 FV510 "武士" 步兵战车**

小档案	
长 度：	6.79米
宽 度：	3.24米
高 度：	2.98米
重 量：	33.5吨
最大速度：	75千米/小时

德国"黄鼠狼"步兵战车

20毫米Rh202机炮

柴油发动机

MG3同轴机枪
烟雾弹发射器

"黄鼠狼"步兵战车是由德国莱茵金属公司制造的一种很有特色的步兵战车，最突出的一点就是它是世界上最重的步兵战车之一。"黄鼠狼"步兵战车的车身中央为一个双人炮塔，右侧为车长，左侧为炮手，其武器为1门20毫米Rh202机炮和1挺MG3同轴机枪，必要时可加上"米兰"反坦克导弹发射器和5枚"米兰"反坦克导弹。由于采用了遥控射击方式，炮长和车长可以不坐在炮塔里，这样炮塔便可以做得很小，减少了中弹的概率，这是"黄鼠狼"步兵战车的一大优点。

"美洲狮"步兵战车是由德国莱茵金属公司于2009年研发生产的履带式战车，采用传统布局设计，并配有三防系统、空调、火灾探测与灭火抑爆系统，以及战场敌友识别系统和指挥、控制与通信系统。车辆每侧各有5个钢制的负重轮，安装在独立悬挂装置上。设计中不仅考虑了高度机动性，还注意了减少噪音和振动的问题。

德国"美洲狮"步兵战车

小 档 案	
长 度：	7.4米
宽 度：	3.7米
高 度：	3米
重 量：	31.5吨
最大速度：	70千米/小时

无辅助武器

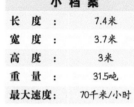

MK 30-2型火炮

柴油发动机

小 档 案	
长 度：	5.7米
宽 度：	2.67米
高 度：	2.41米
重 量：	15吨
最大速度：	60千米/小时

法国AMX-VCI步兵战车

20毫米机炮

7.5毫米机枪
12.7毫米机枪

汽油发动机

AMX-VCI是法国霍奇基斯公司于20世纪50年代初为满足法军要求而研制的步兵战车，在法军中装备数量很大，目前正逐步为AMX-10P步兵战车所取代。AMX-VCI步兵战车的车体分为3个舱室，驾驶舱和动力舱在前，载员舱居后。车体前部左侧是驾驶员席，右侧是动力舱。每侧有两个舱口，舱盖由上、下两部分组成，每个舱盖的下部分有2个射孔。

法国AMX-10P步兵战车

小 档 案	
长　度：	5.79米
宽　度：	2.78米
高　度：	2.57米
重　量：	14.5吨
最大速度：	65千米/小时

20毫米 M693 F1机炮

柴油发动机　　7.62毫米同轴机枪

AMX-10P 是法国 AMX 制造厂于 1965 年按法国陆军要求研制的步兵战车，用以取代老式的 AMX VCI 步兵战车。AMX-10P 步兵战车的主要武器是 1 门 20 毫米 M693 F1 机关炮，采用双向单路供弹，并配有连发选择装置，但没有炮口制退器。该车还可换装莱茵金属公司的 20 毫米 MK20 R h202 机炮，车顶两侧还可安装 2 个"米兰"反坦克导弹发射架。

小 档 案	
长　度：	6.7米
宽　度：	3米
高　度：	2.64米
重　量：	23.4吨
最大速度：	70千米/小时

意大利 "达多" 步兵战车

"达多"（dardo）是意大利在 VCC-80 步兵战车基础上改进而来的步兵战车，首批生产型从 2002 年 5 月开始交付意大利陆军。"达多"步兵战车在设计时充分考虑了驾驶员开窗驾驶时的视野，即其左右两侧均无遮挡，视野开阔，而同类步兵战车内驾驶员一侧的视野几乎全部被发动机舱盖挡住。"达多"步兵战车的主要武器是 1 门厄利空 - 比尔勒公司的 25 毫米 KBA-BO2 型机关炮，采用双向供弹，可发射脱壳穿甲弹和榴弹，弹药基数为 400 发。

MG 42/59并列机枪
"陶"式反坦克导弹　　25毫米KBA-BO2机炮

柴油发动机

瑞典CV-90步兵战车

小　档　案	
长　度：	6.8米
宽　度：	3.2米
高　度：	2.8米
重　量：	26吨
最大速度：	70千米/小时

40/70B式机炮

7.62毫米机枪

柴油发动机

CV-90步兵战车是瑞典于1978年研制的装甲战斗车辆，此后又在此基础上发展了多种变型车，形成CV-90履带式装甲战车车族。CV-90系列步兵战车都采用相同的配置，驾驶舱位于左前方，动力舱在右方，中间为双人炮塔，载员舱在尾部。为了增大内部空间，大多数出口型车辆尾部载员舱的车顶都设计得稍高。如有需要，该系列战车的总体布置可根据用户要求定制。

阿根廷VCTP步兵战车

小　档　案	
长　度：	6.79米
宽　度：	2.45米
高　度：	3.28米
重　量：	27.5吨
最大速度：	75千米/小时

VCTP是德国蒂森·亨舍尔公司于1974年为阿根廷陆军研制的步兵战车，主要任务是在战场上运载机械化步兵协同TAM主战坦克作战。VCTP步兵战车的外形与德国"黄鼠狼"步兵战车相似，采用双人炮塔，机枪位于车后载员舱的顶部。总体布置为驾驶舱和动力舱在前，战斗舱居中，载员舱在后。载员舱两侧各有3个射孔，顶部有2个矩形舱门。

7.62毫米机枪

20毫米MK20 Rh202机炮

柴油发动机

奥地利/西班牙 ASCOD装甲车

小 档 案	
长　度：	6.83米
宽　度：	3.64米
高　度：	2.43米
重　量：	28吨
最大速度：	72千米/小时

7.62毫米机枪

30毫米MK30-2加农炮

柴油发动机

ASCOD 装甲车是奥地利和西班牙联合研发的装甲战斗车辆。西班牙于 1996 年最先订购 144 辆生产车型并命名为"皮萨罗",奥地利于 2002 年接收第一批生产车型并命名为"乌兰"。该车的标准设备包括三防系统、加热器、镶嵌式装甲和计算机化昼 / 夜火控系统等。ASCOD 装甲车的车体侧面竖直,前上装甲倾斜明显,车顶水平。双人电动炮塔装有带稳定器的"毛瑟"30 毫米 Mk 30-2 加农炮,炮左侧有 1 挺 7.62 毫米机枪。

小 档 案	
长　度：	5.49米
宽　度：	2.85米
高　度：	2.52米
重　量：	13.2吨
最大速度：	70千米/小时

韩国KIFV步兵战车

KIFV 步兵战车是由韩国大宇重工于 1985 年研发制造的。该车车体与美国 AIFV 步兵战车类似,但 KIFV 步兵战车采用德国曼公司的发动机、英国大卫·布朗工程公司的 T-300 全自动传动装置,车顶布局也有所不同。车长炮塔在驾驶员后,外部装有 1 挺 7.62 毫米 M60 机枪,炮长炮塔装有防盾,右侧有 1 挺 12.7 毫米 M2HB 机枪。载员舱位于车体后部,有一个顶舱盖,后部倾斜,载员舱两侧各有两个射孔和观察窗。

12.7毫米机枪

7.62毫米机枪

柴油发动机

韩国NIFV步兵战车

小　档　案	
长　度：	6.9米
宽　度：	3.4米
高　度：	2.6米
重　量：	25.6吨
最大速度：	70千米/小时

M60通用机枪

40毫米K40机炮

柴油发动机

NIFV 是用于替换 KIFV 的韩国步兵战车，由韩国国防科学研究所于 1999 ～ 2007 年间开发研制，2008 年有首辆测试型号，2009 年正式投产，至今产量已有百余辆。NIFV 车架由玻璃纤维制造，以减轻重量及增加灵活度，可载 3 名驾驶员及 9 名士兵。NIFV 步兵战车不但火力强，而且防护力好，还具有两栖作战能力，士兵可在车内战斗。

小　档　案	
长　度：	6.8米
宽　度：	3.2米
高　度：	2.5米
重　量：	26.5吨
最大速度：	70千米/小时

日本89式步兵战车

89 式步兵战车是日本于 20 世纪 80 年代研制的第三代履带式装甲战车，是 21 世纪初日本陆上自卫队的主要装备。该车不仅可以对地面目标射击，还可对空射击，但是由于没有配备有效的瞄准装置，因此仅限于自卫作战。日本人自诩 89 式步兵战车为"世界第一流"的装甲战车，但也有人称它为"世界上最昂贵"的装甲战车。

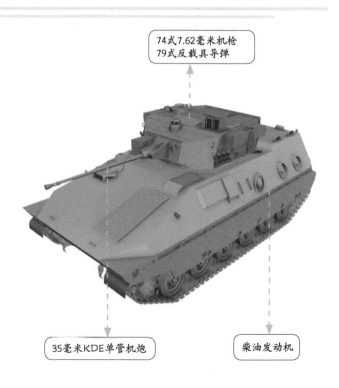

74式7.62毫米机枪
79式反装具导弹

35毫米KDE单管机炮

柴油发动机

第6章

后勤保障车辆入门

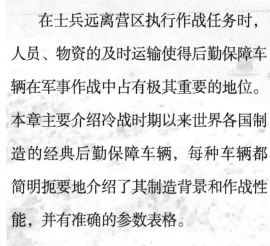

在士兵远离营区执行作战任务时，人员、物资的及时运输使得后勤保障车辆在军事作战中占有极其重要的地位。本章主要介绍冷战时期以来世界各国制造的经典后勤保障车辆，每种车辆都简明扼要地介绍了其制造背景和作战性能，并有准确的参数表格。

美国MPC装甲运兵车

小 档 案	
长　度：	6.39米
宽　度：	2.5米
高　度：	2.69米
重　量：	12.8吨
最大速度：	100千米/小时

多种模组化武器　　　M2重机枪　　　柴油发动机

　　MPC（Marine Personnel Carrier，意为：陆战队人员输送车）装甲车是由芬兰帕特里亚（Patria）公司与美国洛克希德·马丁公司合作研发的。在美国海军陆战队最初的计划中，MPC只是用于最基本的滩头展开，每两辆MPC便能运送一个齐装满员的加强班，部队在滩头展开后再换乘其他陆用战斗车辆。

▲ MPC 装甲运兵车前侧方特写

▲ 在滩头行驶的 MPC 装甲运兵车

美国M113装甲运兵车

小 档 案

长　度：	4.86米
宽　度：	2.69米
高　度：	2.5米
重　量：	12.3吨
最大速度：	67.6千米/小时

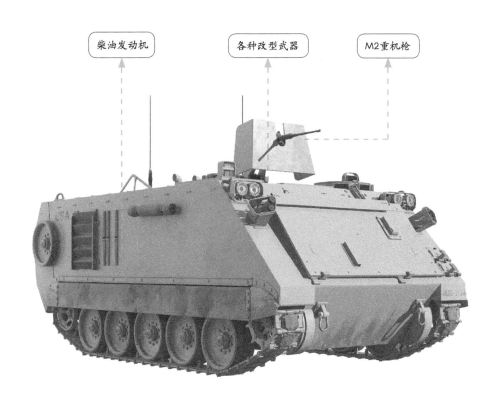

柴油发动机　　各种改型武器　　M2重机枪

　　M113是美国于20世纪50年代研制的装甲运兵车，因便宜好用、改装方便而被世界上许多国家采用。该车采用全履带配置，有部分两栖能力，也有越野能力，在公路上可以高速行驶。该车只需要两名乘员（驾驶员和车长），后方可以运送11名步兵。M113装甲运兵车的衍生型较多，可以担任从运输到火力支援等多种角色。

▲ **M113 装甲运兵车在雪地中行驶**

▲ **M113 装甲运兵车编队**

美国M1127装甲侦察车

小 档 案	
长 度：	6.95米
宽 度：	2.72米
高 度：	2.64米
重 量：	18.77吨
最大速度：	100千米/小时

M240机枪

M2重机枪
Mk 19自动榴弹发射器

柴油发动机

M1127 侦 察 车（M1127 Reconnaissance Vehicle，RV）是美国"斯特赖克"装甲车系列的装甲侦察车版本，偶尔也担任装甲运兵车的角色。M1127侦察车能执行目标侦察、监测、搜索等任务，能够为搜集情报的部队带来相当有力的支援。当作为装甲运兵车使用时，M1127能够运载7名乘员。

小 档 案	
长 度：	6.95米
宽 度：	2.72米
高 度：	2.64米
重 量：	16.47吨
最大速度：	100千米/小时

美国M1130装甲指挥车

M1130 指 挥 车（M1130 Commander Vehicle，CV）是美国"斯特赖克"装甲车系列的指挥车版本。它被编制于旅级部队中，主要任务为替部队接收资讯，分析及传送资讯，并对执行任务中的部队实行战场控管。战斗部队可以通过M1130直接请求空中支援，或是使用天线系统规划任务路径及流程。

M240机枪

M2重机枪
Mk 19自动榴弹发射器

柴油发动机

美国M1131炮兵观测车

小 档 案

长 度：	6.95米
宽 度：	2.72米
高 度：	2.64米
重 量：	16.47吨
最大速度：	100千米/小时

M240机枪

M2重机枪
Mk 19自动榴弹发射器

柴油发动机

M1131炮兵观测车（M1131 Fire Support Vehicle，FSV）是美国"斯特赖克"装甲车系列的炮兵观测车版本，主要用于提供自动化监视、目标搜索及辨识、定点定位以及通信。一旦锁定目标后，资讯即会被立刻回传至火力支援系统，支援火炮的炮手亦可立即获得目标资讯。M1131的目标锁定资讯必须被零时差且零失误地以数位方式回传予炮兵单位。

小 档 案

长 度：	6.95米
宽 度：	2.72米
高 度：	2.64米
重 量：	16.47吨
最大速度：	100千米/小时

美国M1133野战救护车

M1133野战急救车（M1133 Medical Evacuation Vehicle，MEV）是美国"史崔克"装甲车系列的野战救护车版本，主要分配给营级救助站，并为营级规模的部队提供野战医疗援助。M1133拥有基本的医疗设备，可以为重伤伤患以及重大创伤伤员提供临时的紧急医疗，亦可将伤员后送。

无武装

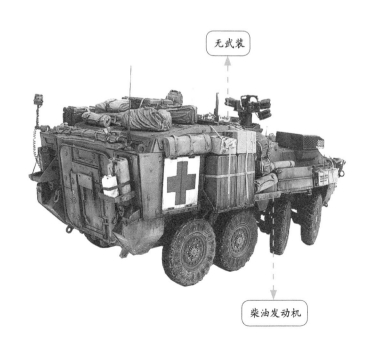

柴油发动机

美国"水牛"地雷防护车

小 档 案	
长　度：	8.2米
宽　度：	2.6米
高　度：	4米
重　量：	20.56吨
最大速度：	105千米/小时

柴油发动机　　　　可加装机枪　　　　无辅助武器

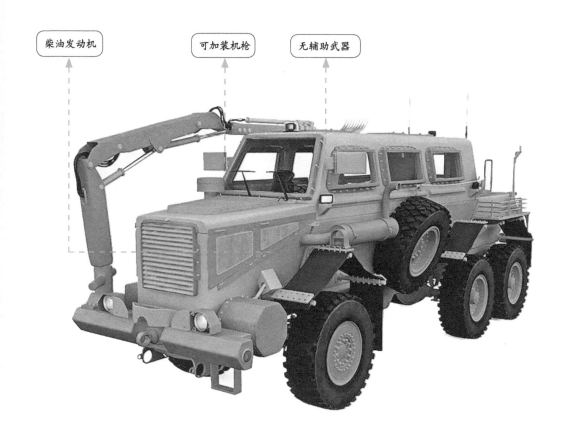

　　"水牛"地雷防护车（Buffalo Mine Protected Vehicle）是由美国军力保护公司（Force Protection）研制的一款装甲车，车头具有大型遥控工程臂以用于处理爆炸品。"水牛"采用V形车壳，若车底有地雷或IED（简易爆炸装置）爆炸时能将冲击波分散，有效保护车内人员免受严重伤害。在伊拉克及阿富汗服役的"水牛"加装了鸟笼式装甲以防护RPG-7火箭筒的攻击。

▲ "水牛"地雷防护车侧方特写

小 档 案	
长度：	7.94米
宽度：	3.27米
高度：	3.26米
重量：	22.8吨
最大速度：	72千米/小时

美国AAV-7A1 两栖装甲车

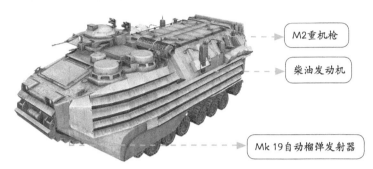

M2重机枪

柴油发动机

Mk 19自动榴弹发射器

AAV-7A1 两栖装甲车是美国海军陆战队的主要两栖兵力运输工具，可从两栖登陆舰艇上运输登陆部队及其装备上岸。登陆上岸后，可作为装甲运兵车使用，为部队提供战场火力支援。该车主要有三种型号，即 AAVP-7A1 人员运输车、AAVC-7C1 指挥车和 AAVR-7R1 救援车。相较于 M2 步兵战车，AAV-7A1 系列装甲车的主要缺点在于防护力薄弱。

LVTP-5（Landing Vehicle Track Personnel-5）是美国海军陆战队使用的一种两栖登陆履带式装甲车辆，可携带 30 ～ 34 名全副武装的战斗部队人员。该车最初于 1956 年投入服务，1958 年首次用于黎巴嫩危机。LVTP-5 有多种型号，最常见的类型是 LVTP-5 装甲运兵车，其他型号包括地雷清扫车、指挥车、救援拖吊车和火力支援车。

美国LVTP-5 两栖装甲运兵车

M1919A4机枪

无辅助武器

汽油发动机

小 档 案	
长度：	9.04米
宽度：	3.57米
高度：	2.92米
重量：	37.4吨
最大速度：	48千米/小时

小 档 案	
长度：	10.07米
宽度：	3.05米
高度：	3.1米
重量：	14吨
最大速度：	48.2千米/小时

美国LARC-V 两栖货物运输车

无武装

柴油发动机

LARC-V 两栖货物运输车是博格华纳公司在美国运输工程指挥部的要求下于 1958 年设计的。该车的设计旨在能够从舰船到海岸间运载 4545 千克的货物或 15 ～ 20 名全副武装的士兵，如果需要，甚至可以驶入陆地纵深。LARC-V 在水中靠位于车底后方的一个三叶螺旋桨推进。车体与甲板齐平的外围有坚固的保护橡胶，甲板呈台阶状。

小 档 案

长　度：	10.67米
宽　度：	3.66米
高　度：	3.28米
重　量：	35.97吨
最大速度：	72.41千米/小时

美国远征战斗载具

Mk 44巨蝮二式链炮　　7.62毫米机枪　　柴油发动机

　　远征战斗载具（Expeditionary Fighting Vehicle，EFV）原名先进两栖突击载具，由通用动力公司陆地系统部门负责研发和制造工作，在2003年9月10日更名为远征战斗载具。该车的设计目标是要将一个完整编制的海军陆战队步兵班从地平线外的两栖突击舰直接运送上岸，并拥有至少相同或超过M1"艾布拉姆斯"（Abrams）主战坦克的敏捷性、生存性和机动力。

▲ 装备美国海军的远征战斗载具

▲ 远征战斗载具前侧方特写

小 档 案	
长 度：	5米
宽 度：	1.9米
高 度：	1.83米
重 量：	5.3吨
最大速度：	80千米/小时

苏联/俄罗斯 BTR-40 装甲运兵车

SG-43中型机枪

汽油发动机

7.62毫米机枪

BTR-40 装甲车是苏联于 1947 年研制生产的，主要用于人员输送，1950 年装备军队，也可作为指挥车和侦察车使用。该车载员舱为敞开结构，8 名坐在车后的步兵可通过车后双开门上下车。早期的车体不开射孔，后期生产的车辆每侧有 3 个射孔，每个后门各 1 个射孔。该车无三防装置和夜视设备，并且不能水上行驶。

BTR-60 装甲运兵车是苏联于 20 世纪 60 年代研制的 8×8 轮式装甲车，1961 年开始服役。该车车体由装甲钢板焊接而成，前部为驾驶舱，中部为载员舱，后部为动力舱。BTR-60 可以水陆两用，在水上时利用车后的一个喷水推进器行驶。喷水推进器由铝制外壳、螺旋桨、蜗杆减速器和防水活门组成。入水前先在车首竖起防浪板。此防浪板平时叠放在前下甲板上。

苏联/俄罗斯 BTR-60 装甲运兵车

小 档 案	
长 度：	7.56米
宽 度：	2.83米
高 度：	2.31米
重 量：	10.3吨
最大速度：	80千米/小时

KPV重机枪

PKT机枪

汽油发动机

小 档 案	
长 度：	7.54米
宽 度：	2.8米
高 度：	2.32米
重 量：	11.5吨
最大速度：	80千米/小时

苏联/俄罗斯 BTR-70 装甲运兵车

PKT机枪

KPV重机枪 DShK重机枪

汽油发动机

BTR-70 装甲运兵车是苏联于 20 世纪 70 年代研制的 8×8 轮式装甲车，1976 年始批量生产。在批量生产过程中，BTR-70 装甲运兵车的构造和外形没有太大改变，不同年代生产的车辆在细节上稍有差别。该车的车长和驾驶员并排坐在车体前部，驾驶员在左，车长在右，车前有两个观察窗，战斗时窗口都由顶部铰接的装甲盖板防护。截至 2018 年，BTR-70 装甲运兵车仍在俄罗斯军队服役。

苏联/俄罗斯
BTR-80装甲运兵车

小档案	
长 度 ：	7.7米
宽 度 ：	2.9米
高 度 ：	2.41米
重 量 ：	13.6吨
最大速度：	80千米/小时

KPVT重机枪

PKT机枪

柴油发动机

BTR-80是由苏联设计生产并用于人员输送的装甲车，1984年开始装备军队，1987年11月在莫斯科举行的阅兵式上首次公开露面。该车可水陆两用，在水上时靠车后单个喷水推进器推进，水上速度为9千米/小时。当通过浪高超过0.5米的水障碍时，可竖起通气管不让水流进入发动机内。此外，它还有防沉装置，一旦车辆在水中损坏也不会很快下沉。

小 档 案	
长 度 ：	7.64米
宽 度 ：	3.2米
高 度 ：	2.98米
重 量 ：	20.9吨
最大速度：	100千米/小时

俄罗斯BTR-90装甲运兵车

BTR-90装甲输送车是由俄罗斯阿尔扎马斯机械制造厂研发生产的。该车车体用高硬度装甲钢制造，具有全方位抵御14.5毫米机枪弹的防护力，披挂附加轻质陶瓷复合装甲后，能防RPG-7火箭弹攻击。针对战场上经常遇到地雷袭击事件，车体底部和载员座椅采取了有效防反坦克地雷伤害的措施。

PKT机枪
Kord重机枪
AT-5反坦克导弹
AGS-17"烈火"自动榴弹发射器

30毫米2A42机炮
100毫米2A70线膛炮

柴油发动机

苏联/俄罗斯BRDM-2
两栖装甲侦察车

小 档 案	
长　度：	5.75米
宽　度：	2.35米
高　度：	2.31米
重　量：	7吨
最大速度：	95千米/小时

PKT机枪　　　KPV重机枪

汽油发动机

　　BRDM-2是苏联于20世纪60年代研制的两栖装甲侦察车，现仍在俄罗斯军队中使用。BRDM-2的车体采用全焊接钢装甲结构，可防轻武器射击和炮弹破片，战斗室两侧各有1个射击孔，为扩大乘员观察范围，在射击孔上装有一套突出车体的观察装置。为进一步加强防护力，在防弹玻璃外侧上部加设装甲铰链盖。作战时，铰链盖放下，车长和驾驶员通过水平安装在车体上部的昼用潜望境观察周围地形。

小 档 案	
长　度：	8米
宽　度：	3米
高　度：	3米
重　量：	25吨
最大速度：	100千米/小时

俄罗斯"回旋镖"装甲运兵车

　　"回旋镖"（Bumerang）装甲运兵车是俄罗斯最新研制的轮式两栖装甲运兵车。2012年2月，时任俄罗斯陆军总司令的亚历山大·波斯特尼柯夫上将对外表示俄军将于2013年接收第一辆"回旋镖"装甲运兵车的原型车。2015年，"回旋镖"装甲运兵车在俄罗斯纪念卫国战争胜利70周年阅兵式的预演中首次公开亮相。

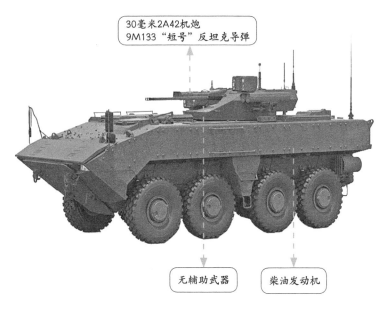

30毫米2A42机炮
9M133"短号"反坦克导弹

无辅助武器　　柴油发动机

德国"野犬"式全方位防护运输车

小 档 案	
长度：	5.45米
宽度：	2.3米
高度：	2.5米
重量：	11.9吨
最大速度：	90千米/小时

7.62毫米机枪
12.7毫米机枪
HK GMG自动榴弹发射器

无辅助武器

柴油发动机

"野犬"式全方位防护运输车（简称 ATF Dingo）是德国国防军现役的一款军用装甲车，目前还在奥地利、比利时和捷克等国军队中服役。该车具有良好的防卫性能，能够承受恶劣的路况、机枪扫射和小型反坦克武器的攻击，并装备1挺 7.62 毫米遥控机枪，该武器也可以用 HK GMG 自动榴弹发射器取代。

小 档 案	
长度：	5.21米
宽度：	2.3米
高度：	2.52米
重量：	7.6吨
最大速度：	85千米/小时

德国UR-416装甲运兵车

UR-416 是德国研制的一种主要供警察部队使用的轮式装甲运兵车辆，被世界多个国家和地区采用。UR-416 装甲运兵车为德国蒂森机械制造厂研制，采用了奔驰公司的越野汽车底盘，车体为全焊接钢板结构，可有效防御小口径枪弹的攻击，并对地雷和炮弹破片具备一定的防护力。在轮胎的外缘包有金属板，即便轮胎被击中损坏依然可依靠金属板行驶。

7.62毫米机枪
烟雾弹发射器

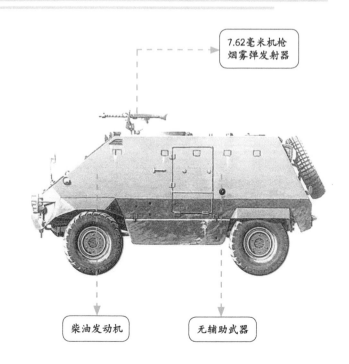

柴油发动机

无辅助武器

德国"拳击手"装甲运兵车

小 档 案	
长 度 ：	7.88米
宽 度 ：	2.99米
高 度 ：	2.37米
重 量 ：	25.2吨
最大速度：	103千米/小时

12.7毫米机枪
7.62毫米机枪
20/25/30毫米机炮
105毫米突击炮
120毫米迫击炮

无辅助武器

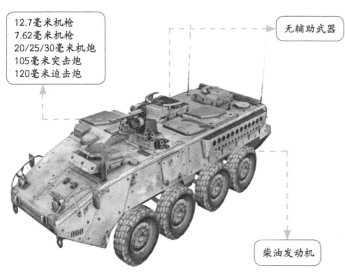

柴油发动机

"拳击手"装甲运兵车是由法国克劳斯·玛菲公司于2009年开始生产的。该车最多可容纳11名乘员,其设计非常强调乘坐舒适性,使乘员能在艰苦的作战环境下长时间坚持作战。全密封的装甲结构,既为乘员提供了包括三防在内的全面防护,也便于安装大功率空调系统,适于在炎热地区长期作战。车内的有效容积达14立方米,为乘员提供了宽敞、舒适的车内生活和战斗环境。

小 档 案	
长 度 ：	6.13米
宽 度 ：	2.47米
高 度 ：	2.18米
重 量 ：	12.4吨
最大速度：	95千米/小时

德国"秃鹰"装甲运兵车

"秃鹰"装甲运兵车是由德国亨舍尔公司于1981年开始研发生产的。该车为箱型车体,设计尽量采用标准量产零部件,保证采购和生命周期成本最小化。"秃鹰"装甲输送车具备完全两栖能力,在水中由车体下方螺旋桨推动。入水前,需在车前竖起防浪板。该车的可选设备包括加温器和绞盘等。

20毫米机炮

7.62毫米机枪
烟雾弹发射器

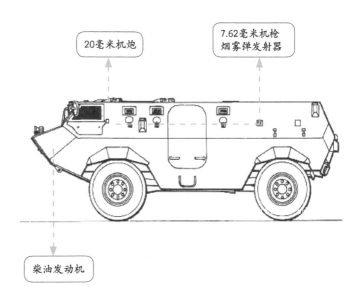

柴油发动机

德国"狐"式装甲侦察车

小 档 案	
长 度：	5.71米
宽 度：	2.49米
高 度：	1.79米
重 量：	10.4吨
最大速度：	115千米/小时

30毫米机炮

7.62毫米机枪

柴油发动机

"狐"式装甲侦察车是德国研制的轻型轮式装甲侦察车，21世纪初开始服役。该车载员为10人，全部安置在车体后部的乘员舱内，10名乘员有各自独立的折叠式座椅，面对面而坐。整车的设施可以保证乘员24小时在车内连续战斗，而不致过分疲劳。"狐"式装甲侦察车为钢装甲全焊接结构，主要部位采用间隔装甲，防弹外形较好，具有对轻武器弹药的防护能力。

小 档 案	
长 度：	7.74米
宽 度：	2.98米
高 度：	2.84米
重 量：	19.5吨
最大速度：	90千米/小时

德国"山猫"装甲侦察车

"山猫"装甲侦察车是德国在二战后研发的轮式水陆两用装甲车，专门用于深入敌后执行侦察任务。该车是8×8轮式装甲车，车前后皆有驾驶员，发动机的动力以传动轴传送到8个车轮，前后4组车轮皆可转弯，也可以8个车轮一起转弯。车身是焊接结构而且是船形，车后有水上推进用的螺旋桨。

105毫米线膛炮

MG4轻机枪

柴油发动机

英国FV432装甲运兵车

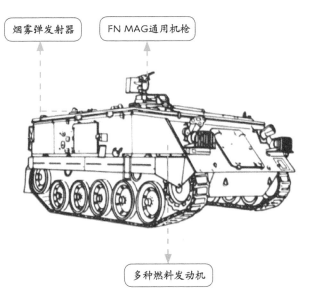

烟雾弹发射器

FN MAG通用机枪

多种燃料发动机

为满足英国陆军需求，英国于20世纪50年代研发了FV432系列车型，首辆样车于1961年完成。FV432装甲运兵车车体前上装甲倾斜60度，水平车顶贯穿前后，车后竖直有一个向左开启的大型车门；驾驶员位于车体前部右侧，发动机在驾驶员左侧，炮长在其后，载员舱后置，上部有四片式圆形舱盖，两部分向左开启，两部分向右开启。目前，FV432已经被"武士"机械化战车所取代，但仍有部分作为特殊用途车型将在今后一段时间内继续使用，如作为迫击炮车、救护车和通信车。

英国"撒拉森"装甲运兵车

"撒拉森"（Saracen）是由英国阿尔维斯汽车公司生产的6轮装甲运兵车，是英国陆军的主要装备之一，同时也是FV 600系列装甲车之一。该车装有劳斯莱斯B80 Mk.6A 8汽缸汽油发动机，装甲厚16毫米，连同驾驶员和车长共可载11人。车体上装有小型旋转炮塔，炮塔上有1挺L3A4（M1919）机枪，另有1挺用于平射及防空的"布伦"轻机枪。

L3A4（M1919）机枪
L37机枪

"布伦"轻机枪

汽油发动机

英国"风暴"装甲运兵车

小 档 案	
长 度：	5.27米
宽 度：	2.76米
高 度：	2.49米
重 量：	12.7吨
最大速度：	80千米/小时

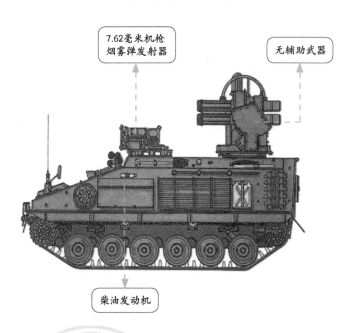

7.62毫米机枪 烟雾弹发射器

无辅助武器

柴油发动机

"风暴"（Stormer）装甲运兵车是英国阿尔维斯汽车公司在"蝎"式轻型坦克基础上研制的装甲运兵车。其车体较钝，前上装甲倾斜，驾驶员位于前部左侧，发动机在驾驶员右侧，车顶水平，车后竖直，有一个向右开启的大门，车体侧面竖直，与车顶交界处有斜面。此外，该车还可以选择安装多种设备，如三防系统、夜视装置、浮渡围帐、射孔/观察窗、自动传动和地面导航系统。

英国"萨拉丁"装甲侦察车

小 档 案	
长 度：	4.93米
宽 度：	2.54米
高 度：	2.39米
重 量：	11.6吨
最大速度：	72千米/小时

"萨拉丁"装甲侦察车（Saladin Armored Car）是由英国阿尔维斯汽车公司研发制造的。该车采用全焊接钢车体，驾驶舱在前部，战斗舱在中央，动力舱在后部。驾驶员在车内前部，其前面有一个舱盖可折放于斜甲板上以扩大视野。"萨拉丁"装甲车不能水陆两用，也没有三防装置和夜视设备。

76毫米L5A1火炮

7.62毫米机枪

汽油发动机

英国"弯刀"装甲侦察车

小 档 案

长 度：	4.9米
宽 度：	2.2米
高 度：	2.1米
重 量：	7.8吨
最大速度：	80千米/小时

L37A1同轴机枪

30毫米L30火炮

柴油发动机

"弯刀"装甲侦察车是"蝎"式轻型坦克的衍生型之一，其体积小、重量轻，既能空运又能空投，便于巷战使用,擅长穿过山林小道。

"弯刀"装甲侦察车的主要武器为1门30毫米L30火炮（备弹165发），可迅速单发射击，也可6发连射，空弹壳自动弹出炮塔外。L30火炮在发射脱壳穿甲弹时，可在1500米距离上击穿40毫米厚装甲。

小 档 案

长 度：	3.65米
宽 度：	2.06米
高 度：	1.57米
重 量：	3.75吨
最大速度：	48千米/小时

英国通用载具

通用载具（Universal Carrier）是由维克斯公司于1934～1960年间生产的一款履带式装甲车，一共制造了11.3万辆，是历史上制造数量最多的装甲车辆之一。在武器的选择方面，通用载具能够根据步兵需要搭载"布伦"轻机枪、"博伊斯"反坦克步枪、"维克斯"重机枪、M2重机枪以及PIAT反坦克火箭筒等。

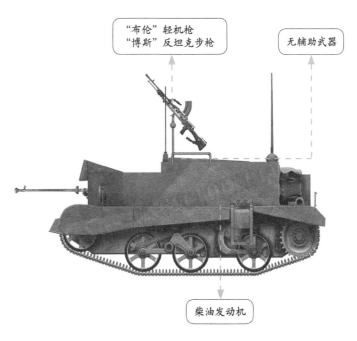

"布伦"轻机枪
"博斯"反坦克步枪

无辅助武器

柴油发动机

英国/奥地利 "平茨高尔" 高机动性全地形车

小 档 案	
长　度：	4.2米
宽　度：	1.7米
高　度：	2.16米
重　量：	1.95吨
最大速度：	105千米/小时

无武装

汽油发动机
柴油发动机

"平茨高尔"（Pinzgauer）高机动性全地形车原由奥地利斯泰尔公司研制，20世纪70年代初开始批量生产，2000年起由英国BAE系统公司在英国进行生产。"平茨高尔"高机动性全地形车的底盘结构较为独特，使其在越野能力上堪称一流。该车采用中央脊梁独立悬挂全动驱动，以保证最高级别的悬挂驱动能力。这种结构的可靠性强，但成本较高，而且对机械加工的工艺要求极高。

法国M3装甲运兵车

小 档 案	
长　度：	4.45米
宽　度：	2.4米
高　度：	2.48米
重　量：	6.1吨
最大速度：	90千米/小时

M3装甲运兵车由法国潘哈德公司投资研制，于1969年完成第一辆样车。M3装甲车的车体前方可安装清除障碍和填平弹坑用的液压推土铲，宽2.2米，最大提升高度为0.4米。工兵用工具和设备放在车后，其中有1套越壕跳板和2个夜间工作的可卸式探照灯。该车为两栖车辆，水上行驶时用轮胎划水。

FN MAG通用机枪
M2重机枪

"米兰"反坦克导弹

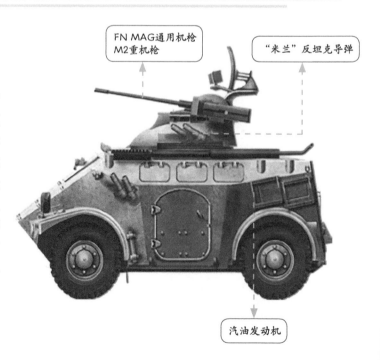

汽油发动机

法国VAB装甲运兵车

小 档 案	
长 度：	5.98米
宽 度：	2.49米
高 度：	2.06米
重 量：	13.8吨
最大速度：	110千米/小时

AA-52通用机枪
M2重机枪

无辅助武器

柴油发动机

VAB装甲运兵车（VAB Wheeled Armored Car）是法国雷诺公司和法国地面武器工业集团根据法国陆军的订货研制的，有四轮和六轮两种设计。两种设计的车体具有相同的布局，只是尺寸不同而已。相同的部分还有动力装置、操纵机械装置、差动装置、制动系统及其他部件和系统。在生产中该车广泛运用了商业汽车的部件。

小 档 案	
长 度：	5.99米
宽 度：	2.5米
高 度：	2.05米
重 量：	12.7吨
最大速度：	85千米/小时

法国VXB-170装甲运兵车

VXB-170装甲运兵车是由法国贝利埃公司于20世纪60年代中期研制的。该车车体为全焊接钢板，驾驶员位于车体前部左侧，车长在其右侧，他们的前面和两侧均开有防弹玻璃窗，并有装甲板防护。VXB-170装甲车在车体上开有7个射孔，2个在左侧，4个在右侧，1个在后门，步兵可在车内射击。

7.62毫米机枪

榴弹发射器

柴油发动机

法国AML装甲侦察车

小 档 案	
长 度 :	5.11米
宽 度 :	1.97米
高 度 :	2.07米
重 量 :	5.5吨
最大速度:	100千米/小时

60毫米迫击炮
90毫米火炮

AA-52通用机枪
M2重机枪

汽油发动机
柴油发动机

AML 装甲侦察车由法国潘哈德公司研发制造，1961 年开始批量生产。AML 装甲侦察车为全焊接钢车体，驾驶舱在前，战斗舱居中，动力舱在后。驾驶员居前部，有 1 个右开单扇舱盖，3 个整体式潜望镜，夜间行驶时，中间 1 个可换为红外或微光潜望镜。该车的选装设备包括空调装置、浮渡装置、三防装置、夜战观瞄系统等。

小 档 案	
长 度 :	6.24米
宽 度 :	2.78米
高 度 :	2.56米
重 量 :	15吨
最大速度:	85千米/小时

法国AMX-10RC装甲侦察车

AMX-10RC 装甲侦察车是一种轻型轮式装甲侦察车，它与 AMX-10P 步兵战车除了使用共通的动力套件外，其他设计及在战场上的角色定位都大不相同。AMX-10RC 装甲侦察车是两栖装甲车，并拥有相当优秀的机动性能，通常被用于危险环境中执行侦察任务，或是提供直接火力支援。AMX-10RC 装甲侦察车安装了核生化防护系统，这使它能在被放射线污染的环境中执行侦察任务。

105毫米火炮

AA-52通用机枪
M2重机枪

柴油发动机

法国ERC装甲侦察车

小 档 案	
长 度：	7.7米
宽 度：	2.5米
高 度：	2.25米
重 量：	8.3吨
最大速度：	90千米/小时

| 90毫米火炮 | 7.62毫米机枪 | 汽油发动机 |

ERC装甲侦察车是由法国潘哈德公司投资专为出口而研制的，研制工作始于1975年。ERC装甲车为全焊接钢制车体，车底呈V形，增加了车辆的防地雷和越障能力。ERC装甲车通常安装法国地面武器工业集团的TS90炮塔，装备1门90毫米滑膛炮，左侧有1挺7.62毫米机枪。该车的选装设备有水中车轮推进器具、水中喷水驱动器推进器具、三防装置、空调系统/加温器、增载10发90毫米炮弹、1000发7.62毫米机枪弹和地面导航系统等。

小 档 案	
长 度：	5.63米
宽 度：	2.5米
高 度：	2.55米
重 量：	13.5吨
最大速度：	92千米/小时

法国VBC-90装甲侦察车

VBC-90装甲侦察车是法国雷诺公司专门研制的出口装甲车，1979年在萨托里军械展览会上首次展出。该车许多机动性零部件与VAB(6×6)和VAB(4×4)装甲人员输送车通用。VBC-90装甲车为全焊接钢车体，驾驶舱在前部，战斗舱居中，动力舱在后部。驾驶员位于车前部左侧，顶部舱盖向右开启，其前面和左右两侧各有1个防弹窗。

| 90毫米滑膛炮 | 7.62毫米机枪 |

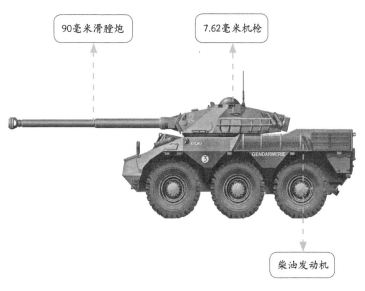

| 柴油发动机 |

瑞典Bv 206全地形装甲车

小 档 案	
长 度：	6.9米
宽 度：	1.87米
高 度：	2.4米
重 量：	4.5吨
最大速度：	50千米/小时

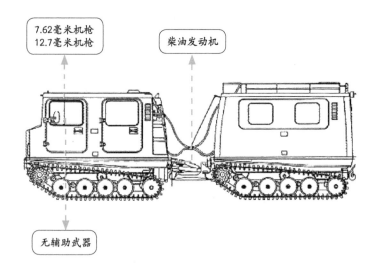

7.62毫米机枪
12.7毫米机枪

柴油发动机

无辅助武器

Bv 206全地形装甲车是一种多用途的全地形运输车，能在包括雪地、沼泽等所有地形上行驶，主要用于输送战斗人员和物资。Bv 206全地形装甲车由两节车厢组成，车身之间用转向装置连接。每节车厢由底盘和车身组成。车身用耐火玻璃纤维增强塑料制成，采用双层结构，不但坚固耐用，比钢车厢轻，而且还起防翻车作用。

小 档 案	
长 度：	7.6米
宽 度：	2.3米
高 度：	2.2米
重 量：	5吨（前车）
最大速度：	65千米/小时

瑞典BvS 10全地形装甲车

BvS 10全地形装甲车由瑞典阿尔维斯·赫格隆公司研制，具备完全两栖能力，在水中可靠橡胶履带推进。该车是针对在全球范围内执行多种任务而设计的，可作为运兵车、指挥车、救护车、维修和救援车等。BvS 10全地形装甲车可通过CH-53直升机运输，能够进行快速部署。

M2重机枪

无辅助武器

柴油发动机

日本73式装甲运兵车

小 档 案	
长 度：	5.8米
宽 度：	2.8米
高 度：	2.2米
重 量：	13.3吨
最大速度：	70千米/小时

M2重机枪

74式机枪

柴油发动机

73 式装甲运兵车是由日本三菱重工于 1973 年研发制造。该车注重车体轻量化，所以全面采用铝合金装甲，这导致 73 式装甲运兵车浮渡前的准备过程极其繁杂。该车在水上行驶时必须使用装在负重轮外侧的浮渡装置，履带上方的裙板可以改善水流方向。车前防浪板由两块板组成，右侧板透明，以便竖起时便于驾驶员向前观察。车辆水上行驶时，靠履带板划水推进。

小 档 案	
长 度：	6.84米
宽 度：	2.48米
高 度：	1.85米
重 量：	14.6吨
最大速度：	100千米/小时

日本96式装甲运兵车

96 式装甲运兵车是由日本小松制作所于 1996 年研制的。该车车体为全焊接钢装甲结构，车体的前方右侧为驾驶员席，驾驶员席的上方安装有弹出式舱门，舱门上安装了 3 具潜望镜。96 式装甲运兵车采用径向式小型轮胎，优点是能够紧密地接触松软的地面，在低速越野行驶时，通过中央轮胎压力调节系统，可以调低轮胎的压力，以此增大轮胎的接地面积，减小车辆的单位压力，提高车辆的通过能力。

96式榴弹发射器
M2重机枪

无辅助武器

柴油发动机

南非 RG-31 "林羚" 装甲运兵车

小 档 案	
长 度 ：	6.4米
宽 度 ：	2.47米
高 度 ：	2.72米
重 量 ：	8.4吨
最大速度：	105千米/小时

7.62毫米机枪
12.7毫米机枪
20毫米机炮
80毫米迫击炮

无辅助武器 　 柴油发动机

RG-31 "林羚" （Nyala） 装甲运兵车由 BAE 系统公司地面系统 OMC 部开发，能给使用者提供对反坦克地雷、轻武器火力和弹片的高级别保护。该车车体下部为 V 形，可转移向上的地雷伤害冲击。当前生产车辆的标准设备包括动力转向装置、空气调节系统和前置 5 吨电动绞盘。该车车体侧面下部为竖直载物箱，台阶般微微凹入的侧面上部同样竖直，有整块防弹窗户，竖直车尾有大门，门的上部有防弹窗。

小 档 案	
长 度 ：	4.97米
宽 度 ：	1.8米
高 度 ：	1.95米
重 量 ：	5.1吨
最大速度：	120千米/小时

南非RG-32M装甲运兵车

RG-32M 装甲运兵车最早在南非研发，目标为警用市场。此车型拥有许多改进，包括全轮驱动、更大的轮胎、更坚固的车轴、两支车轴上均有差速器以及连接自动变速箱的更强劲的柴油发动机。该车一般提供一扇向后开的圆形顶舱门，必要时此门可固定为竖直状态。RG-32M 参与了多个国家的武器招标计划，于 2004 年被瑞典陆军选用。

PKM通用机枪
HK GMG自动榴弹发射器

无辅助武器

柴油发动机

南非"卡斯皮"地雷防护车

小 档 案

长 度：	6.9米
宽 度：	2.45米
高 度：	2.85米
重 量：	10.88吨
最大速度：	100千米/小时

7.62毫米机枪
20毫米机炮

无辅助武器

柴油发动机

"卡斯皮"（Casspir）地雷防护车是南非研制的一款军用车辆，目前仍在南非军队中服役，并有多种衍生型号。"卡斯皮"地雷防护车不仅可执行常规的防地雷部队输送任务，也适合改进为战场救护车、指挥控制车、救援车和轻型输送车等变型车。所有变型车都适合装配漏气续行轮胎，而且可选择配置手动或自动变速箱。

意大利"菲亚特"6614装甲车

小 档 案

长 度：	5.86米
宽 度：	2.5米
高 度：	1.78米
重 量：	8.5吨
最大速度：	62千米/小时

"菲亚特"6614（Fiat 6614）装甲车是菲亚特汽车公司和奥托·梅莱拉公司共同研发生产的一款装甲车，主要用于人员输送，目前仍在数十个国家军队中服役。"菲亚特"6614装甲车配有3具76毫米烟幕弹发射器以及拉力为44.1千牛的前置绞盘。分动箱和差速闭锁装置通过简单的开关（气式）操纵，轮毂内装行星侧减速器。该装甲车可凭借轮胎滑水渡过小河和浅滩。

无辅助武器

7.62毫米机枪
12.7毫米机枪

柴油发动机

以色列"阿奇扎里特"装甲车

小 档 案	
长 度：	6.2米
宽 度：	3.6米
高 度：	2米
重 量：	44吨
最大速度：	65千米/小时

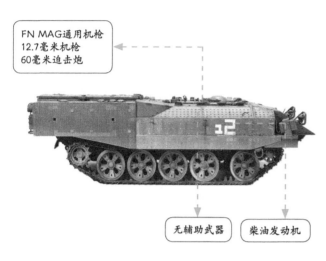

FN MAG通用机枪
12.7毫米机枪
60毫米迫击炮

无辅助武器　柴油发动机

"阿奇扎里特"（Achzarit）是以色列国防军研发的一款装甲车，主要用于人员的输送，一次可装载7人。"阿奇扎里特"装甲车装有Rafael车顶武器系统，这种遥控武器系统由以色列拉斐尔先进防务系统公司开发，可在车内操控。该装甲车目前服役于接近黎巴嫩边境的以色列戈兰尼旅及西岸北部的吉瓦提步兵旅。进入21世纪后，以军为该装甲车安装了更为先进的装甲，进一步增强了它的防护能力。

澳大利亚"野外征服者"装甲车

小 档 案	
长 度：	7.18米
宽 度：	2.48米
高 度：	2.65米
重 量：	12.4吨
最大速度：	100千米/小时

"野外征服者"装甲车（Bushmaster Infantry Mobility Vehicle）是由位于澳大利亚阿德雷德的派利工程公司设计的，主要用于将步兵运送到战场上，目前澳大利亚陆军、荷兰皇家陆军和英国陆军均有采用。"野外征服者"装甲车最多能够运载10名士兵与其装备和食物行走3天。它的装甲能够抵御7.62毫米口径枪的袭击，底部的V形单壳设计能将强大的地雷爆炸威力向外反射出去，借此保障车内人员的安全。

5.56毫米机枪
7.62毫米机枪　　遥控武器站

柴油发动机

芬兰XA-188装甲运兵车

小 档 案	
长 度：	7.7米
宽 度：	2.8米
高 度：	2.3米
重 量：	27吨
最大速度：	100千米/小时

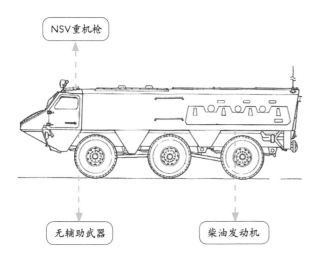

NSV重机枪

无辅助武器

柴油发动机

XA-188 装甲运兵车是芬兰帕特里亚公司研发的模块化装甲车辆（Armored Modular Vehicle，简称AMV）的主要型号之一。根据芬兰防务部队的惯例，XA 代表装甲运兵车，XC 代表轮式步兵战车。XA-188 装甲运兵车是一种 8×8 轮式车辆，装有帕特里亚公司自行研制的 PML-127 OWS 炮塔。该炮塔为全开放式设计，没有防盾，1 挺 12.7 毫米重机枪装在可升降的转塔上，炮手可遥控操纵，也可手动开火。

小 档 案	
长 度：	7.65米
宽 度：	2.9米
高 度：	2.86米
重 量：	17.5吨
最大速度：	110千米/小时

乌克兰BTR-4装甲运兵车

BTR-4 装甲运兵车是乌克兰于 21 世纪初研制的轮式装甲运兵车，2009 年开始服役。BTR-4 装甲运兵车是乌克兰以苏联时代的 BTR-60/70/80 装甲运兵车为基础自行研发的 8×8 轮式装甲车，总体沿用了 BTR-80 装甲运兵车的布局，但在细节设计上向德国"狐"式装甲车靠拢。除装备乌克兰陆军外，该车还被印度尼西亚海军陆战队、伊拉克陆军、哈萨克斯坦陆军等部队采用。

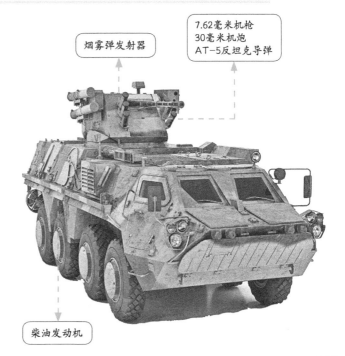

烟雾弹发射器

7.62毫米机枪
30毫米机炮
AT-5反坦克导弹

柴油发动机

新加坡全地形履带式装甲车

小 档 案	
长 度 ：	8.6米
宽 度 ：	2.3米
高 度 ：	2.2米
重 量 ：	16吨
最大速度：	60千米/小时

FN MAG通用机枪
Ultimax 100轻机枪

烟雾弹发射器

柴油发动机

全地形履带式装甲车（All Terrain Tracted Carrier，ATTC）也称"野马"（Bronco），由新加坡技术动力公司研发，目的是满足新加坡武装部队对一种比正在服役的Bv206车型装甲保护更强、载重量更大的车辆的需求。该车具备两栖能力。在水中由履带推进，入水前只需打开两个部分车体上的舱底排水泵即可。

巴西EE-9"卡斯卡维尔"装甲侦察车

小 档 案	
长 度 ：	6.2米
宽 度 ：	2.64米
高 度 ：	2.68米
重 量 ：	13.4吨
最大速度：	100千米/小时

EE-9"卡斯卡维尔"轮式侦察车是由恩格萨特种工程公司按巴西陆军的要求于1970年7月开始研制的。1970年11月完成第一辆样车。EE-9车体前端呈楔形，下部装甲板向内倾斜至车体底部，顶端两个凹槽内装有车灯，车体两侧装甲向内倾斜至前后水平车顶，驾驶员位置在车体前部左侧，炮塔在中央，动力舱在后部。车体后部有水平通风口。

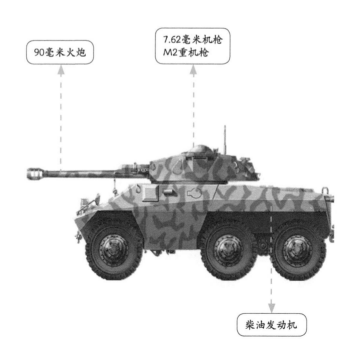

90毫米火炮

7.62毫米机枪
M2重机枪

柴油发动机

第7章

光影中的作战车辆

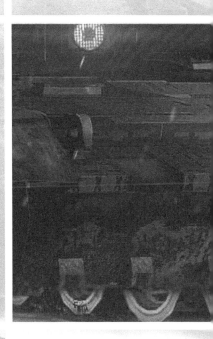

对于大多数人来说，接触真正战车的机会少之又少，更多的是通过电影和游戏等途径来了解它们。在战争题材的电影和游戏中，火力强大的作战车辆总是受到人们额外的关注。本章主要介绍一些经典电影和游戏中出现过的作战车辆，可以帮助读者从侧面了解这种独特的重武器。

电影中的作战车辆

◆ 《勇闯夺命岛》

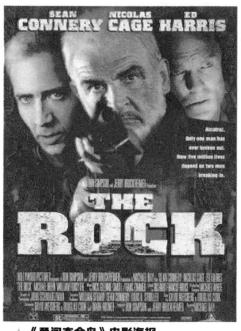

▲《勇闯夺命岛》电影海报

片名	勇闯夺命岛（The Rock）
产地	美国
时长	136分钟
导演	迈克尔·贝
首映日期	1996年6月7日
类型	冒险、动作
票房	3亿3510万美元
编剧	戴维·韦斯伯格
主演	肖恩·康纳利、尼古拉斯·凯奇、艾德·哈里斯、约翰·史宾赛、迈克尔·宾恩、威廉·弗西斯、大卫·摩斯、凡妮莎·马西尔、格雷格·柯林斯、布伦丹·凯利

★ 剧情简介

电影开始时，一位美国将军正在墓碑前悼念他的妻子。他的部下在秘密行动中牺牲，却不被政府承认，家属无法得到荣誉和抚恤。这位将军在上诉不果之后，决定采取行动。

这位身经百战、获得多枚奖章的将军叫汉默。他带领部下劫走了15枚新式VX毒气弹，随后他们控制了阿卡拉岛。这里原是一个监狱，现在成了旅游地，俗称"恶魔岛"。岛上的游客全部成了人质。汉默将军凭毒气弹和人质向国家要1亿美元，为受到不公正待遇的海军陆战队员阵亡士兵作赔偿金。

▲《勇闯夺命岛》剧照

★　幕后制作

　　影片的取景素材的来源就是极富传奇色彩的旧金山恶魔岛监狱，这个监狱 1934 年开始运作至 1963 年关闭。在此期间，几乎美国历史上大部分恶名昭著的重刑犯，都在该岛上蹲过大牢。这就是"恶魔岛"得名的由来。

▲ 《勇闯夺命岛》剧照

★　战车盘点

　　在影片中，曾出现一个场景：作为主角的约翰·柏德烈·梅森上尉（肖恩·康纳利饰）为了躲避美国联邦调查局（FBI）的追踪，抢了后面的 HMMWV 装甲车逃跑了，其后追车的画面让很多观众印象深刻。

▲ 电影中的常客——HMMWV 装甲车

游戏中的作战车辆

◆ 《战地3》

游戏名	《战地3》（Battlefield 3）
产地	美国
开发商	艺电公司
上线日期	2011年10月25日
游戏类型	第一人称射击
游戏平台	PC、PS3、Xbox360

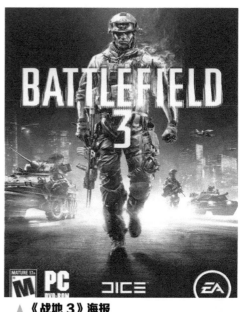
▲《战地3》海报

★ 游戏剧情

　　单人剧情讲述了在2014年，两伊边境涌出了一个恐怖组织团体"人民解放与反抗组织"（PLR），美国海军陆战队一个五人战术小队的成员布莱克上士，发现了美军在俄罗斯的卧底但却是恐怖主义和民族复仇者的特工所罗门。布莱克抓捕了PLR的头目法鲁克·巴希尔，并发现PLR只是所罗门的一颗棋子，所罗门想通过PLR的掩护报复欧洲和美国。布莱克沿着证据找到了所罗门的手下阿米尔·卡法罗夫，但却没能阻止所罗门指使手下引爆核弹。随后布莱克被美国中央情报局的情报人员审问。期间发生的所有任务，都是以布莱克的回忆为主。影片结尾，布莱克与一位被抓获的战友一起逃离了审问室，在追捕的过程唯一活着的战友被所罗门杀死，布莱克在所有队友均阵亡的情况下，杀死了所罗门，终结了他的计划。

▲《战地3》游戏画面

★ 幕后制作

在瑞典军队的帮助下，游戏制作组为《战地3》录制了真实的枪械、坦克、直升机等战地装备声音，并反复在不同环境下播放，与真实声音对比效果。回到工作室后，声音被进一步地润色。《战地3》的武器音效十分纯粹，没有刻意为渲染战场气氛而保留乃至添加杂音，这可以让玩家更方便地通过声音判断敌情，掌握战场动态。

▲《战地3》壁纸

★ 战车盘点

由于剧情的需要，在《战地3》中出现的武器不计其数。其中出现的作战车辆就包括LAV-25 装甲车、BMP-2 步兵战车、M1 "艾布拉姆斯"主战坦克、T-90 主战坦克以及HMMWV 装甲车。

▲ 游戏中出现的 T-90 主战坦克

◆ 《使命召唤：现代战争3》

游戏名	《使命召唤：现代战争3》 （Call of Duty：Modern Warfare 3）
产地	美国
开发商	动视公司
上线日期	2011年11月8日
游戏类型	第一人称射击
游戏平台	PC、PS3、Xbox360

▲《使命召唤：现代战争3》游戏海报

★ 游戏剧情

　　游戏主要讲述了以马卡洛夫为首的极端左派组织控制了俄罗斯绝大部分军火资源和军事资源，马卡洛夫凭借军事上的优势，攻占了俄罗斯机场和总统的飞机，策划并绑架了俄罗斯总统和其女儿，挑起了第三次世界大战，整个美国和欧洲都陷入战火之中。游戏同时揭晓了"现代战争"系列主角的去向与秘密。

▲《使命召唤：现代战争3》游戏画面

★ 幕后制作

　　《使命召唤：现代战争 3》在单机方面制作得很给力，新增加的各种武器系统让游戏再度增添可玩性。比如步枪双瞄准具、迫击炮、轰炸机引导等，玩家可以在游戏中体验到这些新设定的魅力。同时，引人入胜的剧情也会使玩家沉迷于这宏大的战场中。游戏中也保留了前两部的设计要素，在关卡中放置了 46 台敌人笔记本供玩家来寻找，但是全找到后依旧是给成就而不是解锁能力。

▲ 《使命召唤：现代战争 3》游戏壁纸

★ 战车盘点

　　在该游戏中常见的作战车辆有 M1 "艾布拉姆斯"主战坦克、HMMWV 装甲车、M2 "布雷德利"步兵战车、M104 架桥车、UAZ-469 吉普车等。

▲ 游戏中出现的 M2 "布雷德利"步兵战车

参 考 文 献

[1] 军情视点 . 经典坦克与装甲车鉴赏指南：金装典藏版 . 北京：化学工业出版社，2017.

[2] 杰克逊 . 坦克与装甲车视觉百科全书 . 北京：机械工业出版社，2014.

[3] Christopher F.Foss. 简氏坦克与装甲车鉴赏指南（典藏版）. 北京：人民邮电出版社，2012.

[4] 郑慕侨，冯崇植，蓝祖佑 . 坦克装甲车辆 . 北京：北京理工大学出版社，2003.